饮水安全地理信息系统

侯景伟　著

国家自然科学基金项目（41661026）

宁夏大学优秀学术著作出版基金　　　联合资助

宁夏大学西部一流专业建设经费

U0352053

科学出版社

北　京

内 容 简 介

本书比较全面、系统地论述饮水安全地理信息系统的基本原理、最新理论、应用方法、编程思想与发展趋势,以及在饮水安全评价、饮水与人体健康、饮用水水源地、饮用地表水、饮用地下水和饮水管网方面的应用和开发实例。

本书内容丰富,范例典型,可作为工程建设指南,也可作为大专院校地理信息科学、水文水资源、计算机科学、资源科学及水利工程等专业的高年级本科生、研究生的教材或参考书,也可供水资源研究、饮水安全管理、城市规划、水资源行政管理、应用型地理信息系统设计与开发的技术人员参阅。

图书在版编目(CIP)数据

饮水安全地理信息系统 / 侯景伟著. —北京:科学出版社,2018.9
ISBN 978-7-03-058678-0

Ⅰ.①饮… Ⅱ.②侯… Ⅲ.①饮用水-安全管理-地理信息系统-研究 Ⅳ.①TU991.2

中国版本图书馆 CIP 数据核字(2018)第 201226 号

责任编辑:祝 洁 徐世钊 / 责任校对:郭瑞芝
责任印制:张 伟 / 封面设计:陈 敬

科 学 出 版 社 出版
北京东黄城根北街 16 号
邮政编码:100717
http://www.sciencep.com

北京中石油彩色印刷有限责任公司 印刷
科学出版社发行 各地新华书店经销
*
2018 年 9 月第 一 版 开本:787×1092 1/16
2018 年 9 月第一次印刷 印张:11 1/4
字数:267 000

定价:**90.00 元**
(如有印装质量问题,我社负责调换)

前　　言

目前地理信息系统（geographic information system，GIS）广泛应用于饮水安全领域，包括饮用水水源及其环境保护、饮用水水质监测检验、饮用水供应系统管理维护、饮用水安全风险评估、饮用水水质与健康关联分析及突发水污染事件应急处置等。但这些研究和应用是碎片化的，缺乏系统的理论总结和方法概括。因此，系统地梳理和归纳 GIS 在饮水安全领域中的应用，形成饮水安全地理信息系统的理论方法体系，是地理信息分支学科发展的必然，是扩大和深化 GIS 在饮水安全领域应用的一个紧迫课题，也是本书出版的根本目的。

本人多年来一直从事 GIS 在饮水安全领域的应用研究，积累了部分研究成果。为系统地梳理饮水安全地理信息系统的理论方法体系，交流学术思想，并将科研成果有效应用于课堂教学，将自己的部分科研文章重新整理，并借鉴同行专家和学者的科研成果编纂成书，供大家参考讨论。

本书比较全面、系统地论述饮水安全地理信息系统的基本原理、最新理论、应用方法、编程思想与发展趋势，以及在饮水安全评价、饮水与人体健康、饮用水水源地、饮用地表水、饮用地下水和饮水管网方面的许多应用和开发实例。本书结合饮水安全地理信息系统的时代发展，吸收最新科研成果，力求创新，既注重其思想性、理论性和教育性，也注重其基础性、知识性和实用性，具有内容比较完备、结构比较合理、实用可操作和可读性强的特点。基本形成科学、完整的饮水安全地理信息系统理论框架和课程体系，符合地理信息科学课程教学的客观实际，有利于加强地理信息科学课程建设，提高学生将 GIS 应用于饮水安全的实践能力和综合素质。

本书涉及的理论、方法和技术等借鉴了一些学者和专家的成果，既有对别人理论和技术的借鉴、吸收与内化，又有自己的科研成果、感悟和思想。除了对参考文献中提到的所有学者表示感谢以外，作者特别引用和参考了以下各位专家和学者的理论、观点、方法和内容，在此专门列出，以示特别感谢。第 1 章引用了符刚和刘洪亮（E-mail：hongliang_liu@sina.com）等的研究成果；第 2 章引用了翟俊、何强（E-mail：hq0908@126.com）、肖海文和杨彦（E-mail：yy129129@163.com）等的研究成果；第 3 章引用了杨春蕾、罗水莲和王若师等的研究成果；第 4 章引用了孙钰、洪运富、姜鑫、汪先锋、王京、王越兴和韦金喜等的研究成果；第 5 章引用了刘秀云、贾海峰、崔宝侠、钱胜、陈满荣、王俭（E-mail：neuwangjian@sina.com）、荆平（E-mail：Jingpping@eyou.com）和周兴全等的研究成果；第 6 章引用了田帅（E-mail：jason.ts@163.com）、刘国东（E-mail：liugd988@163.com）、赵旭、周中海、许传音和蔡子昭（Email：shuiwencai@qq.com）等的研究成果；第 7 章引用了史义雄、于志斌、李海荣、吴科可、刘明春、刘烜、施银焕（Email：343119531@qq.com）和蒋树芳（Email：jiangsf@igsnrr.ac.cn）等的研究成果；第 8 章引用了黄文彬等的研究成果。另外，宁夏大学资源环境学院研究生余国良、武丹、孙嘉欣和马永强分别为本书的第 2～4 章和第 8 章的资料搜集和初稿写作做了一些前期工作，在此一并感谢！

本书得到宁夏大学优秀学术著作出版基金、宁夏大学西部一流专业建设经费和国家自然科学基金项目（41661026）的资助，在此一并感谢！

最后，感谢科学出版社编辑祝洁、徐世钊和其他工作人员为本书的出版付出的辛勤劳动。

"书一旦脱稿之后，便以独立的生命继续生存了"（尼采）。但完成了最后一次书稿修改后，深觉惭愧。自己思考和研究了多年的"饮水安全地理信息系统"这个主题，由于成书匆匆，深感在结构安排、理论凝练、思路整理、体系构成和文字表达等方面都有所不足，囿于水平，书中不妥之处在所难免，恳请各位专家和读者批评指正。

侯景伟

2018 年 1 月于宁夏大学

目　　录

第1章　饮水安全地理信息系统概述

本章概述了饮水安全的定义、饮水安全的重要性及饮水不安全的极大危害；地理信息系统的基本概念、发展现状、数据结构、数据源、空间分析及软件与开发；饮水安全地理信息系统的基本概念、基本组成、主要空间分析方法、主要特点和主要应用案例。

1.1　饮水安全问题

民以食为天，食以水为先，水以安为基。

饮水安全（drinking water safety）指从取水、供水、二次供水和饮水到遇到突发水污染事件影响供水的整个过程中，通过某种技术或方法彻底去除水中的细菌、农药残留、重金属等安全隐患，使饮用水达到国家生活饮用水标准。饮水安全包括饮用水水源、水量、水质和获得饮用水的方便程度等内容。

拥有足量、卫生、持续的饮用水是人类生存和健康的必要保证，是社会稳定和国家长治久安的基本需求。美国科学家约瑟华·巴兹勒（2003）曾指出，水中的任何污染物，即使极其微量，也可能在人体内终身存在，并不断累积，对人体及其子孙产生有害影响。饮用水中任何污染物即使发生很小的变化，也会对饮用者个人和社会带来显著且长期的影响。一处饮用水水源一旦受到污染，最终会使别处的水源也受到影响，而且造成的后果会增大许多倍（王强等，2010）。

日本著名医学博士林秀光先生在其著作《因水而死》中大声疾呼："人类每年饮用水不干净是疾病的主要原因，如果不改变水的质量，人类将因水而死亡"。世界卫生组织研究表明，80%的疾病率和 50%的儿童死亡率都与饮用水的水质有关，由于饮水不安全而导致的疾病多达 50 多种，如消化疾病、癌症、皮肤病、传染病、糖尿病和心血管病等。美国在饮用水中发现的化学污染物已超过 2100 种，其中有 1900 种污染物被确认对健康不利，已确认的致癌物和可疑致癌物有 107 种，另有 133 种是致突变、致肿瘤污染物或有毒污染物，其余 1660 种污染物中是否有或有多少致癌物和毒性尚未确定。世界上平均每天有 2.5 万人死于通过水传染的疾病，平均每 8 秒钟就有一名儿童死于与水源有关的疾病。饮水安全问题已经严重威胁到人们的身体健康。

中国是世界上污水排放量最大也是增长最快的国家之一。中国科学院 1996 年发布的国情研究报告指出：全国 532 条流经城市的河流中，436 条已受到不同程度的污染；7 大江河流经的 15 个大城市的河段中，13 个河段受到污染；全国 90%以上的城市水域已经受到不同程度的污染。水利部 2015 年监测了黄淮海平原、松辽平原、江汉平原、山西及西北地区盆地和平原的 2103 眼地下水水井，其中 IV 类水水井 691 眼，占 32.9%；V 类水水井 994 眼，占 47.3%，两者合计占比为 80.2%。2016 年 1 月，全国主要平原区由于地下水严重超采而使储存量比 2015 年同期减少 82.4 亿 m^3。

1996 年国务院发展研究中心、国家教育委员会和卫生部等 13 部委联合发文指出：全国 97%的人正在饮用有害的污染水，其中有 7 亿人饮用水大肠杆菌超标，3 亿人饮用水含铁量超标，1.7 亿人饮用水受到有机物的污染，1.1 亿人饮用高硬度水，0.7 亿人饮用高氟水，0.5 亿人不得不饮用高硝酸盐水，全国 35 个重点城市只有 23%的居民饮用水基本符合卫生标准。据不完全统计，1996～2006 年我国饮用水污染案例共 271 起，涉及人数达 700 余万，其中 30798 人出现感染或中毒症状。卫生部 2011 年发布的《中国幼妇卫生事业发展报告（2011）》称，我国婴儿出生缺陷发生率由 1996 年的 87.7 万人上升到 2010 年的 149.9 万人，五年增长率为 70.9%。据调查，广东珠江三角洲地区新生儿先天性疾病（怪胎、贫血、心脏病和畸形胎等）发病率逐年提高，这些都是镉、汞和砷等重金属及化学污染物等环境激素造成的。2016 年发生了多起突发水污染事件，如广东省肇庆市怀集县城区饮用水源铊超标事件、福建省漳州市平和县自来水取水口水源铊超标事件和湖南省益阳市桃江县水厂水源锑超标事件，为饮用水安全带来了重大风险。

水源污染速度已远远大于污水处理厂处理污水的能力。近 70%的饮用水水源不符合国家规定的水源水质标准（罗兰，2008）。全国 1333 处水源地中，约有 3/4 为地表水水源地，1/4 为地下水水源地，北方多以地下水为主要饮用水水源（附录 1）。地下水水源污染物超标比例明显高于地表水水源，且污染持续的时间较后者更长（表 1-1）。

表 1-1　地表水和地下水水源污染因子构成及其所占比例　　　　　　　　　（单位：%）

地表水污染因子	氨氮	硫酸盐	高锰酸盐指数	锰	钼	BOD$_5$	总磷	挥发酚	石油类
所占比例	15	12	2	8	8	8	31	4	12
地下水污染因子	氨氮	硫酸盐	高锰酸盐指数	锰	铁	氟化物	总硬度		
所占比例	17	8	1	29	28	4	13		

为了评价生活饮用水的安全卫生状况，我国制定了《生活饮用水卫生标准》（GB 5749—2006）。该标准共涵盖了 106 项水质指标，可分为感官性状指标、一般化学指标、微生物指标、毒理指标和放射性指标（附录 2）。安全饮用水首先要确保流行病学和水质微生物学质量的安全性，防止介水传染病的发生和传播；其次确保人群终身饮用不会引发急、慢性中毒和潜在的远期危害；然后确保感官性状良好，无色、无嗅和无味；最后必须要消毒，通过氯仿、二氯乙酸、氯化腈、溴酸盐、甲醛和亚氯酸盐等消毒剂或者紫外线消毒以杀死或灭活致病微生物，且饮用水中的消毒副产物不超过规定标准。

事实上，饮水安全所涉及的饮水过程（包括取水、供水、二次供水和饮水等）、饮水管理（包括监测、考核和评价等）、饮水产品（包括器具、设备和管材等）是在一定的地理空间中存在和运行的，都具有特定的地理位置信息。因此，将地理信息系统引入饮水安全的评价、管理、预测、可视化和分析等过程是饮水安全的发展趋势。

1.2　地理信息系统

地理（geography）是研究地球表面环境中各种自然现象和人文现象，以及它们之间相互关系的学科。信息（information）是通过某些介质向人们（或系统）提供关于现实世界新的事实的知识，它来源于数据且不随载体变化而变化，具有实用性、客观性、共享性和传输性的特点。数据（data）是定性、定量描述某一目标的原始资料，包括文字、数字、符号、语言、图像和影像等，它具有可识别性、可扩充性、可存储性、可传递性、可压缩性和可转换性等特点。信息与数据是不可分离的，信息来源于数据，数据是信息的载体。数据是客观对象的表示，而信息则是数据中包含的意义，是数据的内容和解释。对数据进行处理（排序、运算、分类、编码和增强等）就是为了得到数据中包含的信息。数据包含原始事实，信息是数据处理的结果，是把数据处理成有意义和有用的形式。

地理数据（geographic data）是各种地理特征和现象间关系的符号化表示，是表征地理环境中要素的数量、质量、分布特征及其规律的数字、文字和图像等的总和。地理数据主要包括空间位置数据、属性特征数据及时域特征数据三个部分。空间位置数据描述地理对象所在的绝对或相对位置。属性特征数据是描述特定地理要素特征的定性或定量指标，如公路的等级、宽度、起点和终点等。时域特征数据是记录地理数据采集或地理现象发生的时刻或时段。空间位置、属性特征及时域特征构成地理空间分析的三大基本要素（刘南等，2002）。地理信息（geographic information）是地理数据中包含的意义，是关于地球表面特定位置的信息，是有关地理实体的性质、特征和运动状态的表征和一切有用的知识。地理信息具有客观性、可存储性、可传输性、可转化性、可共享性、区域性、空间层次性和动态性的特点。

GIS 是在计算机硬件和软件系统的支持下，对整个或部分地球表层（包括大气层）的空间数据进行采集、存储、检索、管理、运算、分析、显示和描述的具有学科边缘性、综合性和交叉性的技术系统。GIS 能够处理地球表面空间要素的位置和属性，即两种数据类型：与空间要素几何特性有关的空间数据和提供空间要素信息的属性数据。GIS 以图形文件保存和管理空间数据，用关系数据库和数据表保存、管理属性数据，并通过要素标识码将二者连接起来（陈述彭，1999）。

1967 年，"地理信息系统之父"——罗杰·汤姆林森博士开发出世界上第一个加拿大地理信息系统（Canada Geographic Information System, CGIS）。该系统提供了等级分类、覆盖和资料数字化/扫描功能，支持横跨大陆的国家坐标系统，在单独的文件中存储属性和区位信息，将线编码为具有拓扑结构的"弧"，以存储、分析和利用加拿大 1∶50000 比例尺的农业、土壤、休闲、水禽、野生动物、土地利用和林业地理信息。随着微型计算机硬件的发展，美国环境系统研究所公司（Environmental Systems Research Institute, ESRI）等供应商兼并了大多数的 CGIS 特征，实现了空间与属性信息的分离以及对属性数据的组织。20 世纪 80～90 年代，GIS 的 UNIX 工作站和个人计算机桌面版得到了长足发展。20 世纪末，WebGIS（万维网地理信息系统）的发展要求数据的格式和传输标准化，适应了 GIS 大众化的发展趋势。目前，GIS 与全球定位系统（global positioning system, GPS）、遥感（remote sensing, RS）已经实现有效集成，构成"3S"系统，极大地促进了 GIS 的发展。

现实世界的客观对象（如土地利用、公路和海拔）可抽象为离散对象（如房屋）和连续对象（如海拔、降水量）。这些抽象体在 GIS 中以矢量和栅格形式存储。矢量数据利用点、线和面表现客观对象。例如，住房边界以多边形表示，住房位置以点来精确表示，海拔用等高线或不规则三角形网（triangular irregular network, TIN）来表示其连续变化性。栅格数据由存放唯一值存储单元的行和列组成，各个单元记录的数值可以是土地使用状况、降水量或空值。

GIS 需要采集的数据源可以是印在纸或聚酯薄膜地图上的现有数据，通过扫描和数字化产生的向量数据，测量器械上的测量数据，GPS 的测量数据，航空器和卫星平台所携带的摄像机、数字扫描仪、激光雷达产生的遥感数据和航空照片。不同数据源输入到 GIS 中后，还要进行编辑，以消除错误或进一步处理。GIS 通过数据重构实现不同数据格式的转换，如卫星图像转换成向量结构、投影与坐标变换、具有相同分类的所有单元周围生成线、邻接和包含等空间拓扑关系的确定。

空间分析是 GIS 的主要功能，也是 GIS 与计算机制图软件相区别的主要特征。空间分析是从空间物体的空间位置、联系等方面对空间事物做出定量的描述，以空间统计学、图论、拓扑学和计算几何等为数学工具，以地理学、区域科学、经济学、大气科学、测绘学、地球物理学和水文水资源学等为理论基础，描述和分析空间构成，理解和解释地理图案的背景过程，模拟和预测空间动态过程，调控和优化地理空间事件（秦昆，2010）。

目前常用的 GIS 软件已达 400 余种，如 ESRI 的 Arc/Info 和 ArcView、美国 MapInfo 公司的 MapInfo、中国地质大学的 MapGIS 和北京超图地理信息技术有限公司的 SuperMap 等。

GIS 的开发工具主要有四种。①组件式 GIS：其核心技术为组件对象模型（component object model, COM）和 ActiveX 控件，有标准的开发平台和简单易用的标准接口，能自由、灵活地重组，如 ESRI 公司的 MapObjects。②集成式 GIS：其集合了各种功能模块的 GIS 开发包，如 ESRI 公司的 ArcGIS 和 MapInfo 公司的 MapInfo。③模块式 GIS：其是把 GIS 系统按功能分成一些模块来运行，如 Intergraph 公司的 MGE。④WebGIS：其是利用网络技术扩展和完善 GIS 的新技术，如 MapInfo 公司的 MapInfo ProServer。

GIS 可以分为人员、数据、硬件、软件和过程 5 部分。一个地理信息系统项目可能包括以下几个阶段：定义一个问题、获取软件或硬件、采集与获取数据、建立数据库、实施分析、解释和展示结果（图 1-1）。

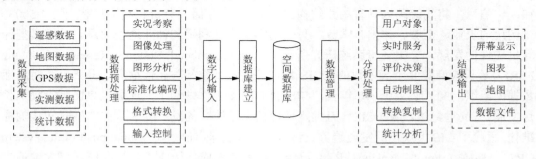

图 1-1 地理信息系统的工作流程

GIS 具有公共的地理定位基础，具有采集、分析、管理和输出多种地理空间信息的能力；以分析模型驱动，具有极强的空间综合分析和动态预测能力，并能产生高层次的地理信息；以地理研究和地理决策为目的，是一个人机交互式的空间决策支持系统。因此，GIS 已在国土资源、房地产、公共卫生、测绘、地矿、规划、景观建筑、考古、交通、国防、水利、农业、林业和电力等领域得到广泛应用。

饮水安全可以表达成一系列地理信息要素和地理现象的集合。目前 GIS 在饮用水水源及其环境保护、饮用水水质监测检验、饮用水供应系统管理维护、饮用水安全风险评估、饮用水水质与健康关联分析和突发水污染事件应急处置等方面取得了一定的研究进展，预示着其广阔的应用前景。

1.3　饮水安全地理信息系统及其应用

1.3.1　饮水安全地理信息系统

饮水安全地理信息系统（geographic information system for drinking water safety, GIS-DWS）是地理信息系统的一个分支，在计算机硬件、软件和网络系统的支持下，对涉及饮水安全的空间数据进行采集、存储、管理、查询、检索、处理、分析、运算、显示、更新和应用，实现饮水安全科学化、可视化、智能化的管理、规划和决策。

饮水安全地理信息系统是 GIS 在饮水安全评价和规划、水源地管理及饮水管网优化配置等饮水安全领域中的具体应用（Daene et al., 1993）。GIS-DWS 将饮水安全空间信息按其特性在空间数据库中进行分类和分层管理，通过输入、存储、管理、空间查询、空间分析和显示等功能实现 GIS 与饮水安全信息分析和处理技术的集成，是 GIS 技术在饮水安全领域的延伸。通过建立饮水安全地理信息系统，实现饮水安全各种信息的数字化、标准化和计算机化，从而达到统一管理、数据共享和办公自动化。

饮水安全地理信息系统由五部分组成。①GIS 硬件：其是对空间数据进行输入、存储、查询和输出的基础平台，包括主处理设施（大中小型机、工作站、微机）、显示设备（显示器）、外部存储设备（硬盘和 XCD-ROM）、输入设备（键盘、鼠标、数字化仪、绘图仪、打印机）和网络连接设备（网卡、网络配件）等。②GIS 软件：其是饮水安全地理信息系统的核心，在计算机硬件系统的配合与协调下，执行饮水安全地理信息系统各种功能的操作。③地理数据：其包括描述与饮水安全有关的属性数据和空间数据。属性数据说明某个地理事物或现象是什么，如地下管线的用途、管径和埋深；空间数据通过点、线和面描述地理事物或现象在哪里。④应用分析模型：其根据所表达的空间对象可分为理论模型（数学模型）、经验模型和混合模型；根据研究对象的状态和发展过程可分为静态模型、半静态模型和动态模型。建模步骤包括明确分析目的和评价准则、准备分析数据、空间分析操作、结果分析、解释和评价结果及结果输出。⑤参与饮水安全地理信息系统的人：人是整个饮水安全地理信息系统得以运行的灵魂。人是 GIS 硬件的制造者、软件的开发者、数据的生产者、模型的建立者和项目的实施者。

饮水安全地理信息系统除了基本的编辑、显示和测量功能外，空间分析是该系统的核心，其中空间插值、叠加分析、地形分析和管网优化为饮水安全提供了强大的空间信息服务和广阔的应用空间。

空间插值常用于将离散点的测量数据转换为连续的数据曲面，包括空间内插和空间外推两种算法。空间内插算法是通过已知点的数据推求同一区域未知点的数据。空间外推算法是通过已知区域的数据，推求其他区域的数据。常用的空间插值方法有样条函数内插、双线性内插、最小二乘法内插、多项式拟合内插和移动拟合内插等。

叠加分析是通过多个图层在空间上的叠合来比较地图要素和属性特征，分为合成叠加和统计叠加。合成叠加得到一个新图层，它将显示原图层的全部特征，交叉的特征区域仅显示共同特征；统计叠加是统计一种要素在另一种要素中的分布特征。

地形分析主要通过数字高程模型（digital elevation model, DEM），以离散分布的平面点来模拟连续分布的地形，为饮水安全规划和设计创建一个三维地表模型，通过 DEM的等高线、坡度和坡向等分析，为水源地、管网等的管理和规划提供基础数据。

管网优化是将建造、运行、维护费用和节点富余水头纳入目标函数，在保证管网经济性和使用要求的前提下，提高管网的可靠性。借助一些智能算法（遗传算法、蚁群算法等）在 GIS 平台上对供水管网的管径组合和铺设路径进行优化。

饮水安全地理信息系统的特点如下。①与一般地理信息系统相比，饮水安全地理信息系统的服务对象具有多样性。既要考虑水政主管和业务部门的管理、评价、分析、规划和预测需要，又要满足公众的查询等需求。②数据类型的复杂性。既有基础地理数据，又有资源、环境、社会和经济数据；既有多时相的时间数据，又有多层次的结构数据；既有以遥感为源的栅格数据，又有以图形为主的矢量数据，还有关系型的统计数据。③采集的数据要求精度很高。由于饮水安全关乎人体健康和人类生命，饮用水中某些浓度值很低的污染物可能对人体造成巨大的伤害，准确测得其含量至关重要。④信息更新的现势性很强。信息的及时更新是饮水安全地理信息系统真正为各类用户服务的基础，是确保饮水不安全造成的危害降到最低的前提。⑤模型化。饮水安全的评价、分析、预测和优化都需要有一整套的模型嵌入地理信息系统软件中，实现饮水安全的可视化评价、智能化分析和最优化管理。⑥实用化。饮水安全地理信息系统的用户明确，目标清楚，具有十分迫切的实用化需求，以实现经济效益和社会效益的有效统一。

1.3.2　饮水安全地理信息系统的应用

1. GIS 在饮用水水源及其环境保护中的应用

GIS 可应用于饮用水水源的污染监测、保护和规划（符刚等，2015）。庄严等（2014）应用 RS、GIS 和 GPS 研究了蓝藻的空间分布，利用 GIS 的插值分析对 20 个 GPS 定位的监测点的叶绿素和蓝藻密度进行空间扩展，制作了分布专题图和环境一号卫星遥感影像图。陈家模等（2013）以 ArcGIS 为平台，建立基于 GIS 的水环境信息管理系统，利用市县边界、水库水源地、河流、水质和污染企业等环境监测数据和空间数据分析水质污染情况，利用实时检测数据动态监控水质的变化，解决了水环境的综合治理问题。顾蓓瑜等（2013）利用 ArcGIS 软件分析太湖水质及其富营养化状况，通过 GPS 精确定位20 个采样点，利用 GIS 的空间插值功能绘制了太湖的总氮、总磷和溶解氧等富营养化指标的指数分布图，发现各项水质指标及富营养化指数呈现"西部高、东部低"的分布规律，其中竺山湖水域的污染最严重。左冠涛等（2013）基于 GIS 平台设计开发了郑州市水环境地理信息系统，该系统主要有 7 大功能模块：水环境质量模块、总量控制模块、水环境统计模块、污染源监测模块、水环境容量分析模块、水质分析模块和排污申报登记模块，实现了对各类水环境数据的规范化管理。

2. GIS 在饮用水供应系统优化与管理中的应用

GIS 为输配水管网和供水构筑物等饮用水供应系统的空间优化和管理维护提供了可视化的途径（田一梅等，2000）。GIS 能直观、准确和全面地反映地上和地下饮水管线的空间特征、属性特征及相互关系，实现对输配水管网的实时、高效和动态管理。GIS 以数据库为核心，在供水管网管理中主要应用于现场工作管理、管网运行管理和资产管理。GIS 技术应用于供水管网的管理中，带来了巨大的经济效益和社会效益。陈文丰等（2009）在汕头澄海区建立了供水管网地理信息系统，利用道路、水系、桥梁、埋深、管线走向、监测点、分支节点和测压点等空间信息，在爆管事故中选择最优的关阀方案，分析爆管事故涉及的停水范围，结合供水调度系统和在线监测系统实时调度和监测饮用水，为综合调度和应急抢修提供科学的管理。吕琼帅等（2013）利用遗传算法和 GIS 优化饮水管网的铺设，即利用遗传算法设计适应度函数和总成本最低的评判标准，对管网铺设方案进行适应度计算和结果评判，反复迭代，直至选出最优的管网铺设路径；利用 GIS 的空间分析功能自动避开不可能铺设的限定区域，并计算铺设管网的直接和间接成本，得到一组最优的布局方案，使管网长度减少了 9.81%，投资总成本降低了 6.84%。肖靖峰等（2012）利用 ArcGIS 平台管理大型厂区地下 32 种、数十万条管线的复杂管网，在服务器端利用 GIS 处理和分析地下管网信息，包括获取、管理、存储、查询、分析、更新和输出等操作，实现对厂区地下管网的数字化管理。

3. GIS 在饮用水水质监测与评价中的应用

GIS 可以利用多种空间插值方法对有限的饮用水点源监测数据进行空间扩展（魏加华等，2003），通过制图符号化在地图上直观显示饮用水水质的空间分布规律，也可以通过增加时间滑块显示水质监测结果的时间变化，实现监测结果的空间和时间可视化（Wicnand et al., 2009）。张殿平等（2013）利用 GIS 管理淄博市饮用水卫生安全地理信息，发现饮用水的总硬度和氟化物之间具有空间正相关性。利用 GIS 评价饮用水的水质，可以揭示水质指标的时空分布规律和指标间的相互关系，为有效监督和管理饮用水水质提供科学依据。

4. GIS 在饮用水水质与健康关联分析中的应用

利用 GIS 分析疾病和某些危险因素的空间分布可探索疾病的病因。陶庄（2010）利用 GIS 的反距离权重空间插值方法研究了淮河流域"癌症村"的食管癌、胃癌和肝癌的疾病负担与饮水污染的关系，利用相对危险度和长期趋势估算累积的化学需氧量（chemical oxygen demand, COD）浓度，分析 COD 与疾病负担指标（失能调整寿命年）之间的关联，发现水中 COD 污染浓度的增大将使疾病负担增加。董研等（2014）利用淄博市 2008～2012 年农村饮水安全工程监测点的水氟浓度数据进行 GIS 的空间插值分析，发现淄博市水氟分布具有明显的地区聚集性，高氟带为东西向，地氟病与水氟的空间分布存在对应关系。吴库生等（2008）利用 GIS 绘制了我国食管癌的空间分布专题图，发现我国食管癌有明显的地区聚集性，通过多元回归分析和因子分析探索 24 种地理气候危险因素。结果表明，食管癌可能与区域相对干旱（$R = 0.345$，$P < 0.01$）、月平均风速偏大（$R = 0.189$，$P < 0.01$）及夏季植被覆盖率相对较低（$R = 0.257$，$P < 0.01$）存在关联。Holtby 等（2014）利用 GIS 绘制饮用水中硝酸盐的分布专题图，以及非条件 logistic 回归方法分析水中硝酸盐与新生儿出生缺陷的关系，发现两者可能存在正向关联（OR = 2.44，95%CI = 1.05～5.66）。Jayasekara 等（2013）利用 GIS 绘制斯里兰卡中北部慢性肾病和居民水源环境分布地图，发现在 5 个慢性肾病高流行区域中，居住在水流相对缓慢的水库和河道周边乡村的居民患病率较高，而饮用天然泉水的人群患病率低，因此水源水的流动性可能是慢性肾病的危险因素。

5. GIS 在饮用水安全风险评估中的应用

通过 GIS 建模和插值分析可以估算个人的暴露剂量，提高环境流行病学的暴露评估水平（王浩等，2005）。利用 GIS 制作的暴露-疾病空间分布地图可以测量污染源的距离，查询污染物的空间变化，揭示疾病模式和环境暴露的变化及其可能存在的相关关系，快速评价健康危害与环境污染。Navoni 等（2014）利用 GIS 评估阿根廷饮用水中砷的健康风险，分别检测圣地亚哥省和查科省 650 名居民的尿砷及其饮用水的水砷，估计平均每天经饮水途径的砷摄入量、致癌危险性和危害系数等指标。通过人口统计学、Pearson 相关分析和反距离权重插值法对预期水砷进行空间分析，并计算居民的尿砷估计值，制作尿砷、水砷、预期尿砷、预期水砷、肿瘤风险因子和损伤因子的空间分布专题图，发现水砷增加了当地居民膀胱癌和肺癌的发病风险，尿砷预期值较实测值低说明可能存在着其他的砷暴露。

为了保障饮用水水质安全，2004 年世界卫生组织（World Health Organization, WHO）发起建立"水安全计划"，饮用水安全评价和安全管理涉及从水源到末梢的饮用水全过程。Wienand 等（2009）利用 GIS 探索水安全计划的设计和评估、监测体系的建立、交流和管理，通过叠置、合并、剪裁、重分类、融合、插值和核心密度等空间分析方法设计和评估水安全计划，通过泰森多边形等邻近分析方法建立了监测体系，通过插值分析对监测参数进行空间扩展和模拟，通过克里金插值法验证测量结果，实现了水安全计划决定性步骤的空间分析和可视化。

6. GIS 在水污染突发事件应急处置中的应用

1854 年，John Snow 利用地图有效处理了水污染事件。其借助一张标点地图发现伦敦宽街突发的霍乱疫情和供水的关系，通过针对性的措施成功控制霍乱的传播。雷晓霞等（2011）将二维瞬时排放水质模型集成在 ArcGIS 中，模拟邕江突发性水污染事故。首先利用 GIS 对监测断面图、水文图和污染物分布图等进行数字化，利用四边形网格法对邕江河道进行空间离散化，通过模型空间变量 x、y 与 GIS 中坐标（x，y）的联系实现模型与 GIS 的集成，模拟一次沉船漏油造成的突发性水污染事故，实时动态地显示污染物随着时间不断扩散的过程，反映污染物的时空分布状况，能实时查询污染物的特征，为邕江水污染事故的预警预报提供技术支持。

肖泽云等（2011）基于 ArcGIS Engine 开发了水污染预警系统，能够进行数据管理、水质评价、信息查询、水质预测和结果可视化等。Chen 等（2012）在水质模拟计算中引入系统动力学，构建了水环境突发污染事故水质模拟的动力学模型，有效解决了突发污染事故的动态和非线性的复杂系统问题。陈诚等（2013）开发了基于 GIS 的桌面应急演练系统，其能根据污染物性质、泄漏源位置和天气等因素实时模拟污染物扩散的影响范围，根据位置信息、交通状况、车辆及人员调度模拟最佳的疏散救援方案，实现污染物扩散信息的实时查询和应急救援的科学调度与综合管理，提高了应急管理的智能化和信息化程度。郭诚等（2013）在云环境下开发了水质安全服务平台，具有水质仿真计算服务、水质数据与水质仿真可视化渲染等功能，并测试了突发性水质污染事件在水质安全服务平台上的应用。

综上所述，GIS 已经广泛应用于饮用水安全的调查、分析、监测、管理、应急处置和风险评估等多个方面。GIS 利用空间和属性数据，集成空间分析和数据库功能，能够智能化地分析、综合和查询空间数据。GIS 与计算机、空间定位、遥感、数据库和云计算等多种技术方法的集成以及与大型数据信息平台的有机结合将成为其发展的主要趋势，为饮用水安全保障提供更加广阔的应用空间。

第 2 章　基于 GIS 的饮水安全评价

我国水污染事故频繁发生。2001～2004 年全国发生水污染事故共 3988 起，几乎每 3 天发生 1 起；2005 年全国共发生水污染事故 693 起，2007 年全国共发生水污染事故 178 起。这些水污染事故主要以企业泄露和违法排污为主，给地方经济和居民健康造成重大危害，引发水危机事件，影响饮水安全。

针对当前的饮水安全现状，寻找一种科学、有效的评价方法和检测手段是当务之急。GIS 具有对地理数据进行输入、输出、处理、查询、管理、分析和辅助决策的强大功能，有助于开展具有空间异质性的饮水安全评价和地表水及地下水的水污染检测工作。本章将分别从城市饮水安全、农村饮水安全、非点源污染和饮用水污染源特性等方面开展基于 GIS 的饮水安全评价。

2.1　基于 GIS 的城市饮水安全评价

随着我国城市化进程的加快，城市规模和人口逐渐扩大，用水需求量与日俱增，污废水排放量也逐日增加。城市的水环境污染、水资源短缺和突发性水污染事故频发等饮水安全问题日益突出，在一定程度上制约了城市经济的发展，对社会安定造成一定影响。与此同时，随着生活水平的提高，城市居民对饮水安全有着更高的要求。

2.1.1　城市饮水安全面临的主要问题

我国城市饮水安全面临的主要问题包括以下几个方面。

1. 水量供给不足

目前我国严重缺水或接近国际缺水警戒线的省、自治区和直辖市有 18 个，占全国（除台湾、香港和澳门）的 58%。在全国 600 多座大中型城市中，缺水城市有 400 多个，严重缺水城市有 114 个，其中北方地区有 71 个，南方地区有 43 个。水量供给不足使我国城市饮水安全面临着严峻挑战。

2. 水源水质堪忧

2009 年，国家环境监测网监测的长江、黄河、松花江、珠江、海河、淮河和辽河 7 大水系 203 条河流 408 个地表水国控监测断面中，仅有 57.3%符合集中式供水水源水的水质要求，18.4%的河段已完全丧失水体基本使用功能，五日生化需氧量、高锰酸盐、氨氮和有机物浓度普遍较高。其中，长江、珠江水质良好，淮河、松花江为轻度污染，黄河、辽河为中度污染，海河为重度污染。地下水水质状况也不容乐观。北京、辽宁等 8 个省份 641 眼井的水质监测结果表明，仅有 23.9%的监测井能用作集中式供水的饮用水水源，主要污染物为总硬度、氨氮、硝酸盐、亚硝酸盐、铁和锰等。2014 年 3 月 3 日～3 月 9 日在全国 7 大水系 100 个重点断面水质自动监测站监测了 8 项指标：溶解氧浓度、水温、氨氮浓度、pH、浊度、高锰酸盐指数、电导率和总有机碳。结果表明，黄河、海河、松花江、淮河和珠江 10% 以上的断面都是劣 V 类水质；V 类断面 0 个；松花江和淮河的 IV 类水质断面都在 20% 以上，辽河的 IV 类水质断面超过 10%（图 2-1）。

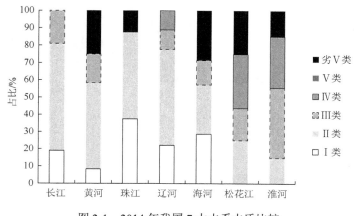

图 2-1　2014 年我国 7 大水系水质比较

3. 净水工艺落后

城市饮用水主要以常规水处理技术为主。以地表水为水源的水厂一般采用混凝—沉淀—过滤—消毒的水处理工艺，以地下水为水源的水厂大都无净化工艺，经过简单消毒后直接出厂。常规处理工艺主要去除水体中的色度、浑浊度和微生物，不能有效解决城市饮水的藻污染、有机物污染、重金属污染和浊度等问题。大量资料和试验研究表明，由于溶解性有机物的存在，很难破坏胶体的稳定性，常规处理工艺对水中有机物的去除率仅为 30%。藻类通常带负电，具有较高的稳定性，难以混凝，且藻类所占比例较小，致使沉淀效果较差，水处理效果不明显；藻类在代谢过程中产生多种嗅味，直接影响水的感官性状；蓝藻还能产生藻毒素，严重危害人体健康；在用液氯消毒的过程中，藻类与氯发生作用，生成有机卤代烃等致癌物质和多种有害副产物。由此可见，落后的净水工艺不能有效去除净水过程中的污染物，甚至还会产生新的有害物质，威胁到城市的饮用水安全。

4. 管网设施老化

城市供水管网系统是一个庞大复杂的工程。饮用水从水厂到用户需经长距离输送，在管网内停留时间有时长达数天，从而影响饮用水的水质。特别是老城区的供水管网使用年限较长，其中使用年限超过 60 年的管网约占总量的 6%，因此普遍存在腐蚀老化现象，管网水漏损率总体呈上升趋势（图 2-2）。

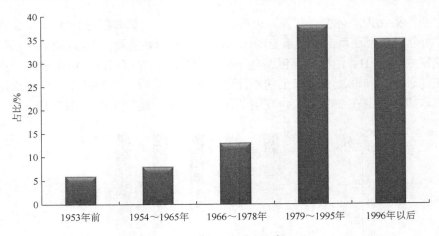

图 2-2　城市供水管网铺设年代及占比

5. 二次污染普遍

目前城市饮水输送系统以串网传输为主，受管材材质、网管布设年限和消毒剂本身性质等因素影响，水质在输水过程中会产生二次污染。通过占全国总供水量 42.4%的 36 个城市的调查结果表明，与出厂水相比，末梢水的浑浊度、色度和铁含量 3 项指标均有不同程度的恶化，浑浊度从出厂水的 1.3 度增加到末梢水的 1.6 度；色度由 5.2 度增加到 6.7 度；铁含量由 0.09mg/L 增加到 0.11mg/L。2004 年专项调查表明，城市饮用水由自来水厂流经管网到用户龙头时，水质合格率下降约 10 个百分点。

2.1.2　GIS 在城市饮水安全评价中的应用

GIS 技术具有空间数据采集、分析和管理等方面的强大功能，已成为空间决策支持的重要分析工具，为城市饮水安全评价提供了技术支撑（朱兴贤等，2006；何强，2001）。

1. GIS 在城市饮水中的评价方法

基于 GIS 的城市饮水安全评价方法有多种，但基本原理都大同小异（Daniela，1999）。利用 GIS 评价城市饮水安全，要根据研究精度，确定网格大小，用格网 GIS 方法将研究区划分为等面积的网格，每个划分区域作为一个独立的研究单位，用 GIS 技术对每个单位相关数据进行采集和分析，在总体上了解研究区水环境分布状况以及污染程度的基础上，利用格网 GIS 技术对研究区域及其水环境污染指标进行格网化和数字化。利用格网标准对各格网进行编码，并结合空间数据和属性数据格网化结果，建立基于格网的水污染评价指标属性管理数据库和空间数据库。选择适宜的水污染评价模型，从数据库中提取相关数据，计算水污染安全综合评价指标值，得出综合评价结果。最后利用 GIS 对评价结果进行可视化表达，以图形形式反映基于格网 GIS 的水质量综合评价状况（Zektser et al.，1995）。

2. 基于 GIS 的隶属度加权综合平均水质级别法

隶属度加权综合平均水质级别法是基于水质项目监测的平均值与模糊数学的隶属度之间有对应关系而建立起来的，用隶属度来描述水质指标的监测值对各级水质的从属程度（翟俊等，2007）。根据水质的功能要求不同，建立隶属度函数以满足下述两个条件。①任意监测值 X 小于或等于某类水质标准值（生活饮用水卫生标准见附录 2），且大于上一级标准值时，则 X 对该类水质的隶属度为一正实数，而对其他水质级别的隶属度为 0。例如，BOD_5 监测值为 3.5m/L，此值小于水体Ⅲ类水质标准的 4.0m/L，但大于Ⅱ类水质标准的 3.0m/L，则 BOD_5 对Ⅲ类水质的隶属度为一正实数，而对其他水质级别的隶属度为 0。②在同一水质级别内，水质越好隶属度越大。

隶属度函数表达形式见式（2-1）～式（2-6）。

对Ⅰ类水质：

$$Y_1 = \begin{cases} 1 + (A - X)/A & 0 \leqslant X \leqslant A \\ 0 & X > A \end{cases} \tag{2-1}$$

对Ⅱ类水质：

$$Y_2 = \begin{cases} 1 + (B - X)/(B - A) & A < X \leqslant B \\ 0 & X > B,\ X \leqslant B \end{cases} \tag{2-2}$$

对Ⅲ类水质：

$$Y_3 = \begin{cases} 1 + (C - X)/(C - B) & B < X \leqslant C \\ 0 & X > C, X \leqslant B \end{cases} \tag{2-3}$$

对Ⅳ类水质：

$$Y_4 = \begin{cases} 1 + (D - X)/(D - C) & C < X \leqslant D \\ 0 & X > D, X \leqslant C \end{cases} \tag{2-4}$$

对Ⅴ类水质：

$$Y_5 = \begin{cases} 1 + (E - X)/(E - D) & D < X \leqslant E \\ 0 & X > E, X \leqslant D \end{cases} \tag{2-5}$$

对Ⅵ类水质：

$$Y_6 = \begin{cases} 1 + e^{E - X} & X > E \\ 0 & E \leqslant X \end{cases} \tag{2-6}$$

隶属度函数中，A、B、C、D、E 分别代表五个水质级别的水质标准值，且 $A \leqslant B \leqslant C \leqslant D \leqslant E$，$X$ 为监测统计值。由式（2-1）～式（2-6）的函数式可以看出，当监测值 X 等于某类水质标准值时，隶属度即为 1；在某个水质范围内当 X 值变小，其隶属度增大，对其余水质级别的隶属度为 0；X 大于第Ⅴ类水质标准时，计算中定义为第Ⅵ类（超Ⅴ类），第Ⅵ类水质的隶属度函数取为指数函数，这较好地表达了当监测值 $X \geqslant E$ 时水质的情况。

设 N 为参加评价的污染物总数，Y_{ij} 为污染物 i 对 j 级水质的隶属度($i = 1, 2, \cdots, N$；$j = 1, 2, \cdots, M$)。将 N 个污染物对 j 级水质的隶属度累加：

$$Y_j = \sum_{i=1}^{N} Y_{ij} \tag{2-7}$$

式中，Y_j 称为第 j 种水质的水质权重。

隶属度加权综合平均水质级别定义为

$$G = \frac{\sum_{j=1}^{M} jY_j}{\sum_{j=1}^{M} Y_j} \tag{2-8}$$

式中，G 为隶属度加权综合平均水质级别；M 为水质级别个数，即 $M = 6$。

G 值作为判定水质级别的参数，实际上是水质的一个综合评价指数，因为它反映了水质各因子的综合影响，具有简便直观的特点，如计算出某水体 $G = 2.1$ 时，说明该水质比Ⅲ类水质好，比Ⅱ类水质差，但靠近Ⅱ类。

现以 1994 年南川凤嘴江福南桥枯水期为例加以说明。首先由隶属度函数式计算隶属度，见表 2-1。

表 2-1　1994 年凤嘴江福南桥断面枯水期各评价指标对水质的隶属度（翟俊等，2007）

指标	水质级别					
	I	II	III	IV	V	VI
DO	0	1.68	0	0	0	0
BOD$_5$	0	0	1.8	0	0	0
COD$_{Mn}$	0	0	0	1.1	0	0
非离子氨	1.4	0	0	0	0	0
大肠菌群	0	0	0	0	0	1
挥发酚	1	0	0	0	0	0
F$^-$	1.22	0	0	0	0	0
Cr^{6+}	2	0	0	0	0	0
合计（Y_j）	5.62	1.68	1.8	1.1	0	1

然后计算出各级水质的权重：

$$Y_j = \sum_{i=1}^{8} Y_{ij} \tag{2-9}$$

最后计算隶属度加权综合平均水质级别：

$$G = \frac{\sum_{j=1}^{6} jY_j}{\sum_{j=1}^{6} Y_j} = 2.21 \tag{2-10}$$

计算结果表明，1994 年福南桥断面枯水期的水质比Ⅲ类好，比Ⅱ类差，但接近Ⅱ类。

在计算隶属度加权综合平均水质级别的基础上，将 G 值直接与水环境质量类别联系起来，通过 GIS 的空间可视化表达功能，直观地了解到水质空间分布状况。不同时期或不同年份，只需通过点击菜单，便可自动从数据库中获取监测水质值，通过模型库中隶属度加权综合平均水质级别法的计算模型自动生成 G 值，并直接在数字地图上通过颜色反映出来。在出现 G 值相近，颜色深浅分辨不清的情况下，则可通过点击鼠标右键，屏幕弹出 G 值，方便地查询水质污染情况。在水质评价中应用 GIS 的突出优点是水污染程度的可视化。在数字地图上，不同水域空间具有不同的水质级别，可在数字地图上表现出不同的颜色（姜哲等，2006）。用户通过图中的颜色变化就可以了解到水污染的具体情况，颜色的色彩或深浅可根据需求随意设置。一般研究中将超标严重的区段设置成红色，让人一目了然，极大地方便了辅助决策。特别是规划方案阶段，只要图中出现红色，方案即被否定。

2.2 基于 GIS 的农村饮水安全评价

在饮水安全问题上，广大农村地区长期存在着水质不达标、用水方便程度低、水量供应不足及供水保证率低等问题，这些问题严重阻碍了农村社会经济的可持续发展。为了让农村居民喝上安全饮用水，我国正尽全力建设农村饮水安全工程，从源头上解决饮水不安全问题。但是目前农村饮水不安全性问题依然非常突出。

2.2.1 农村饮水安全面临的主要问题

1. 农村饮用水水质问题

（1）饮用苦咸水。例如，山东省肥城地下岩盐资源量丰富，总面积达到 $120km^2$。部分水源井受岩盐的影响，饮用水苦咸味较重，影响了当地群众的身心健康。泰安水环境监测中心监测显示，肥城的边院镇东军村和老城镇小窑村水井的水已受到严重污染（表 2-2 和表 2-3）。

表 2-2 边院镇东军村水质监测超标的倍数（杨元青，2008）

日期	硫酸盐	氯化物	总硬度	氨氮	高锰酸钾指数	总铁
2002.7.20	9.4	168	28	149	17.5	32.2

表 2-3 老城镇小窑村水质监测超标的倍数（杨元青，2008）

日期	硫酸盐	氯化物	硝酸盐氮	总硬度	溶解性总固体
2005.3	4.32	3.76	13	5.88	2.93

（2）饮用污染水。农村工业的快速发展，农田中大量使用的化肥和农药，农户中渗水式粪坑和厕所等，严重污染了当地浅层水（邓沐平，2011）。长期饮用大口井、手压井和浅机井水的农村居民发病率居高不下。由于管道生锈腐烛、周围工业废水渗入、蓄水池清洗消毒不够及时以及水源点周围 10m 内堆放有大量生活垃圾等原因，集中供水工程存在着二次污染现象。大部分镇街的饮用水在供水站检测时水质合格率普遍较高，但是当水通过管道输送到部分农户家中时，在农户的饮水终端的水质超标现象严重（张荣等，2009）。

由于上游工业企业排污，山东肥城肖家店村饮用水中的亚硝酸盐严重超标，该村癌症患病率高达 12.5%，远远超过正常值。肖家店村 2000～2004 年的死亡人数和死于癌症人数统计如图 2-3 所示。

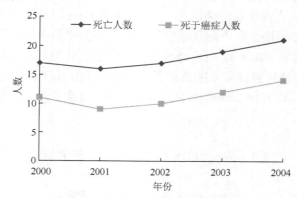

图 2-3　肖家店村 2000～2004 年的死亡人数

2. 农村饮用水水量问题

我国的水资源时空分布不均，季节变化大，淡水资源匮乏，人均占有量少，仅为世界平均占有量的 30%。近年来，由于我国常出现干旱天气，造成许多泉水断流、河流干涸和地下水位严重下降；随着工农业的迅速发展，人水之间的矛盾日益突出，这对我国农村饮水水源有很大的影响，饮用水水量急剧减少（丁震等，2013）。

农村供水管网漏失问题成为供水水量损失的主要问题，这既浪费了宝贵的饮用水资源，又给供水单位造成了巨大的经济损失，也会增加水的二次污染风险，影响供水的安全性、连续性和高效性（李铁男，2010）。农村供水管网漏失的主要原因有：工程管网陈旧老化，年久失修；工程管材、管件质量不达标；工程设计和施工质量差；工程管网供水计量设备质量不合格；供水管线附近道路改造和施工，使管道承压不均；运行管理不善，如供水系统任意接管、压力调节不当造成管道超压或欠压和管道产生水锤等（王建辉，2006）。农村饮水安全工程供水管网建设，是农村饮水安全工程能够安全、正常运行的保障（王立业，2014）。

3. 农村饮用水供水保证率问题

供水保证率是预期供水量在多年供水中能够得到充分满足的年数出现的概率，以百分率来表示。供水保证率既可以表示供水设施供水能力的大小，也可以评价供水工程的设计是否标准。据《农村饮用安全卫生水评价指标体系》的有关规定，供水保证率高于90%即被视为供水基本安全。要提高供水保证率，就必须加大投资力度，建设高标准的供水工程。由于受到地域、经济及自然条件等多种因素的制约，农村公共供水的保证率相对较低。部分农村供水工程的供水站实行单井供水，没有备用水源，供水保证率低，一旦水源井出现问题，将会直接影响到供水网内群众的正常饮水。例如，山东省肥城市水源保证率不达标的有 162 个村，影响到 147964 人。因此加快建设农村公共饮水安全工程，保证供水稳定性，是当前主要的工程措施之一。

在我国，供水工程选取的水源主要为地表水和地下水。地表水受时空因素影响明显，当遭遇枯水年或连续干旱时，地表水量就会减少，供水工程的供水量也会降低，无法达到预期的供水，使群众无水可用。地下水的水量变化不大，自我调节能力很强，作为水源时其供水的保证率比地表水高。但是近年来由于地下水超采且污染严重，在部分地区已破坏了供水工程的正常供水（颜莹莹，2013）。

4. 农村饮用水方便程度问题

用水方便程度主要由取水方式和人力取水往返时间决定。如果人力取水往返时间在 20 分钟以内，那么居民饮水基本安全。如果居民需要通过拉水或挑水的方式来解决用水问题，通常被认为是用水方便程度低。农村地区由于经济发展不及城市，饮水设施比较落后，镇街、村委对农民饮水问题重视程度不高，致使农村偏远地区用水安全出现了问题，特别是山区的大部分农村居民用水更是不方便。

2.2.2　GIS 在农村饮水安全评价中的应用

农村居民点一般沿交通线呈现带状分布或者面状分布，难以采用集中供水方式。因此，农村饮水安全评价问题相对难度较大（赵显波等，2011）。采用 GIS 空间分析方法不仅可以对饮水污染水质进行分级评价，而且能实现评价的空间可视化，为决策者提供直观的辅助性决策帮助。农村饮用水安全评价指标见表 2-4。

表 2-4　农村饮用水安全评价指标

农村饮水安全指标	水质	水量/[L/(人·d)]					用水方便程度	供水保证率
		一区	二区	三区	四区	五区		
基本安全	符合《农村实施〈生活饮用水卫生标准〉准则》要求	20	25	30	35	40	人力取水往返时间在20 分钟内	≥90%
安全	符合国家《生活饮用水卫生标准》	40	45	50	55	60	供水到户或人力取水往返时间在 10 分钟以内	≥95%

基于 GIS 的农村饮水安全评价基本原理是：将研究区域内的居民点、工厂和养殖场等分布信息在经过配准的地理底图上进行矢量化，并输入相关属性信息；利用居民人数统计信息在图中做出点密度分布图，将工厂、养殖场按照不同距离分别做出缓冲区；在对工厂附近水源（河流、水库和水井等）抽样调查和检验的基础上，利用空间插值（克里金法、反距离加权法和样条函数法等）方法对水源有害物质进行空间插值，得到有害物质空间插值图；然后，将居民点密度图、工厂和养殖场缓冲区图和污染物插值图进行叠加，能清楚地看到不同居民点饮用水所受污染程度及其污染原因，实现农村饮水安全的可视化评价。

本小节将以河南省镇平县为例，介绍 GIS 在农村饮水安全评价中的应用。

1. 供水设施分析

供水设施与水源、地形、居民点分布及社会经济发展情况有关，一般分集中式供水工程和分散式供水工程。根据农村饮水安全评价指标、利用 GIS 对镇平县的集中式供水和分散式供水进行可视化分析。

（1）集中式供水分析。适度规模的集中式供水工程具有供水保证率高、水质与水量可靠、便于管理、工程可持续运行期长、人均投资低和运行效益好等诸多优点。镇平县集中式供水到户人口共 14.6 万人，集中供水点（不到户）受益人口仅 600 人，分布在枣园镇上岗村。从设计供水规模上看，可供水量 70m³ 以上的供水工程仅占已建成集中式供水工程的 12.5%，可供水量大于等于 120m³ 的供水工程只有 7 个（图 2-4）。

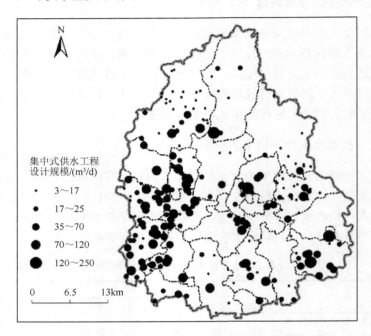

图 2-4　镇平县集中式供水工程及设计规模

镇平县底图来源于星球地图出版社《中国分省系列地图集：河南省地图集》，审图号：JS（2016）01-110 号

（2）分散式供水分析。镇平县分散式供水工程现状见表 2-5。

表 2-5　镇平县分散式供水工程现状

项目	井	引泉	集雨	无设施
人口/人	612089	9024	20	66379
比例/%	89.032	1.314	0.003	9.651

从图 2-5 可以看出，镇平县分散式供水类型的分布特点为：中部、南部地区以地下水（井水）供应为主，北部山区、中部少数丘陵区以引泉和集雨供应为主，形成了南井（引地下水）北泉（引山泉）、南好（有设施）北差（无设施）的分布格局。分散式供水（直接饮用河水、溪水、坑塘水和山泉水）的人口主要集中在二龙、老庄、石佛寺和高丘等乡镇。这些地区经济相对落后、水源相对匮乏、用户少、居住分散、地形复杂、电力没保障，是饮水建设和规划的重点地区。

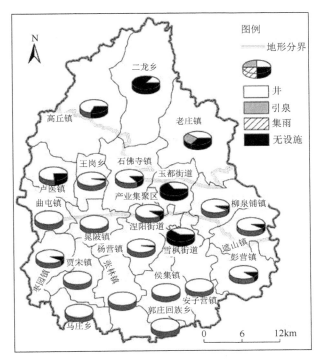

图 2-5　镇平县分散式供水类型

2. 水质现状分析

农村饮水安全工程主要是解决由于地球物理作用形成的原生性高氟水、苦咸水以及水源污染和严重缺水问题。据调查，我国有 3 亿多农村人口饮水不安全，氟砷含量超标的饮用水、苦咸水、污染的地表和地下水是严重威胁农村居民身体健康的三大隐患。

镇平县部分地区饮用水含氟量、含砷量和含盐量较高，污染严重（表 2-6）。镇平县饮水水质的不安全指标具有集中分布的特点（图 2-6 和表 2-7）。

表 2-6　镇平县主要水质指标现状

水质指标	最高含氟量	最高含砷量	最高硫酸盐量	总硬度	溶解性总固体
含量/(mg/L)	2.6	0.1	320	3742	6230
国家安全标准/(mg/L)	≤1.0	≤0.05	≤250	≤450	≤1000
分布区	马庄乡唐营村	老庄镇玉皇庙	老庄镇曾寨、张林乡杨庄村	枣园镇上岗村	枣园镇上岗村

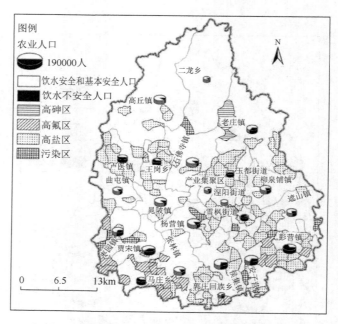

图 2-6　镇平县饮水安全人口和污染物的空间分布

表 2-7　镇平县不安全饮水现状

指标	高氟区	高砷区	高盐区	污染区
面积/km²	94	25	309	30
面积比例/%	6.35	1.71	20.79	2.04
人口/人	57494	6000	183938	18777
农村人口比例/%	6.90	0.72	22.08	2.25
主要分布区	南部：枣园、马庄、贾宋、张林、彭营等	老庄镇：秋树湾村、玉皇庙村和姜庄村	中部：卢医、王岗、玉都街道；东南部：安子营、彭营、侯集等	二龙、遮山、贾宋等

3. 水源保证率、生活用水量及用水方便程度分析

饮水安全不只关乎饮用水水质是否安全，还要取决于获取饮用水所花费时间的多少，获取水量的多少。因此，采用 GIS 空间分析方法可以得到相应的取水保证率和用水方便程度方面的评价。例如，用水方便程度可以用 GIS 的缓冲区分析方法完成。用水方便程度所规定的人力取水往返时间为 20min，大体相当于水平距离 800m 或垂直高差 80m 的情况。以河南省镇平县高丘镇的徐沟村为例（图 2-7）。徐沟村经济落后，水资源缺乏，只有上营自然村的一口井同时满足上营、下营、寨上、两道沟和上河刘 5 个自然村的饮水需要。通过以井为中心的 400m 和 800m 缓冲区分析发现，上营的人力往返取水时间不超过 10min，为用水方便区；下营、寨上、两道沟的人力往返取水时间在 10～20min，为用水基本方便区；上河刘自然村到水井的水平距离超过 800m，为用水不方便区。通过对镇平县各村用水方便程度的缓冲区分析发现，不达标的村镇主要有老庄镇山王庄村、

玉都街道北张庄村、白河村，石佛寺镇全家岭村、党庄村等（图 2-8，根据制图需要，人口小于等于 1270 人的用水方便程度不达标的村没有标注）。这些村组因群众居住偏远、分散，经济基础薄弱，一直没有能力建设供水工程，不得不从 800m 以外的河、泉、大口井或渠道中挑水饮用，用水很不方便。

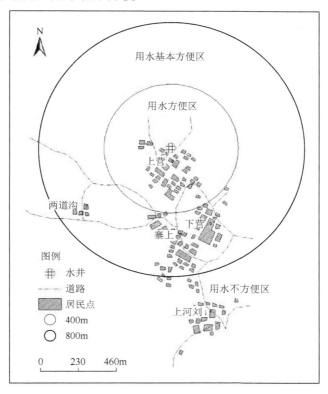

图 2-7　徐沟村用水方便程度分析

　　水源保证率为保证用水量的首要条件。指标体系规定的水源保证率不低于 90%为基本安全，是指在十年一遇的一般干旱年，供水水源水量能满足基本生活用水量的要求。镇平县水源保证率不达标的村镇主要位于老庄镇曾寨村、高丘镇靳坡村和柳泉铺乡大榆树村等，共有人口 1200 人。这些村都处于镇平县旱情最为严重的地方，水资源相对匮乏，大多没有单独生活饮水水源井及设施，用水没有保障。镇平县饮水水量不达标的村镇主要位于枣园镇上岗村，杨营镇沙家村，卢医镇张沟村、郭岗村和老庄镇马家场村、姜庄村、李家庄村等，共有人口 5100 人。这些村的简易农村供水工程老化和损坏情况已相当严重，79%的工程处于带病运行状态，濒临报废；26%的工程已退役报废。现状工程供水保障能力只有原设计供水能力的 42%，人均饮用水量不到 20L/d。由于工程供水能力低，25%的村镇不得不采取分片、定时、定量供水。特别是夏秋两季，生活用水量大幅度增长，供水水量不足的问题更加明显。

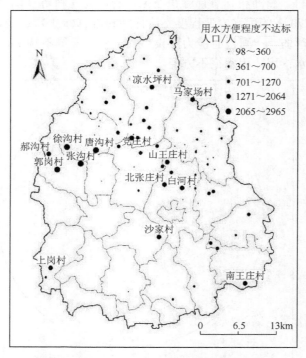

图 2-8　镇平县用水方便程度不达标人口分布

2.3　基于 GIS 的饮水污染评价

2.3.1　饮水污染成因分析

（1）工业污染源。工业污染源主要是指工业生产中产生的未经处理的"三废"：废气、废水和废渣。其中，工业废气，如二氧化硫、氮氧化物等物质会对大气造成严重的一次污染，这些污染物之后还会随降雨落到地面，并随地表径流下渗到地下，对饮水造成二次污染；工业废水，如电镀工业废水、石油化工有机废水、工业酸洗污水和冶炼工业废水等有毒有害废水会直接流入或渗入地下水中，造成饮水污染；工业废渣，如高炉矿渣、洗煤泥、粉煤灰、钢渣、赤泥、硫铁渣、硅铁渣、电石渣、选矿场尾矿及污水处理厂的淤泥等，由于露天堆放及地下填埋或隔水处理不合格，经过风吹和雨水淋滤，其中的有毒有害物质会随降水直接渗入地下水，或随地表径流在向下游迁移的过程中下渗至地下水中，污染饮用水。我国 2000 年工业（不含火电、核电工业，下同）排放出的废水量为 509 亿 m³，工业废水中 COD 为 1239 万 t，氨氮排放量为 113 万 t。东部地区的工业废水、COD 及氨氮排放量在全国工业排放量所占的比例分别为 49%、55% 和 40%；中部地区为 35%、31% 和 40%；西部地区为 16%、14% 和 20%。图 2-9 为 2000 年我国工业废水、COD 和氨氮排放量分布情况。

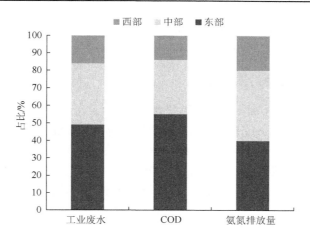

图 2-9　2000 年工业废水、COD 和氨氮排放量占比

（2）生活污染源。我国每年累计产生垃圾达 720 亿 t，占地约 514 亿 m²，并以每年占地约 3000 万 m² 的速度发展，全国已有 200 多个城市陷入垃圾重围之中。由于人们没有充分认识到垃圾分类的重要性，大量的有毒物质和危险废弃物与生活垃圾一起填埋，同时由于落后的填埋处理技术、不当选址等因素，垃圾填埋场的污染物渗漏已经严重污染到地下水，成为饮水污染源之一。除此之外，大量未经处理的生活污水，不但严重污染地表水，而且通过下渗对地下水造成了不同程度的污染。以城镇为例，我国 2000 年城镇（含所有具有地下水管网的建制市及建制镇）生活污水排放量为 229 亿 m³，其中 COD 为 655 万 t，氨氮排放量为 69 万 t。东部地区的城镇生活污水、COD 及氨氮排放量分别占全国城镇排放量的 57%、62% 和 58%；中部地区占全国 27%、27% 和 30%；西部地区占全国 16%、11% 和 12%（图 2-10）。

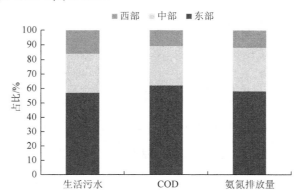

图 2-10　2000 年城镇生活污水、COD 和氨氮排放量占比

（3）农业污染源。全部用水量的 70% 以上为农业用水，其是饮水污染的主要来源。在农业生产中过量施用农药和化肥，致使残留在农作物与土壤中的农药和化肥随雨水径流汇入地表水或淋滤渗入地下，污染饮用水。另外，如果利用被污染的地表水灌溉农作物，污水中的部分有毒有害物质同样会通过地表径流或下渗污染饮用水。

（4）自然污染源。特殊的地质环境可能导致有些地区分布高砷水、高氟水和低碘水等（吕书君，2009）。中国地质环境监测院调查表明，我国约有 1 亿多人由于饮用不符合卫生标准的地下水而长期遭受砷中毒、地甲病、地氟病和克山病等地方病困扰。

2.3.2　基于 GIS 的非点源污染评价

　　大量的非点源（non-point source, NPS）污染模型已广泛应用于非点源污染物的归趋、迁移模拟及污染负荷计算。GIS 具有空间数据的分析和管理能力以及空间位置与属性特征数据共存的特性。因此，利用非点源污染模型，在 GIS 环境中可以计算不同污染程度的污染物扩散路径和污染负荷。Shamsi 等（2002）利用宾夕法尼亚州的暴雨径流模型和 GIS 估计模型的参数，绘制出径流水文曲线及分布地图，显示出暴雨径流影响的分析结果，达到对流域范围的暴雨信息进行管理的目的。东北师范大学利用 GIS 技术和美国通用土壤流失方程（universal soil loss equation, USLE）模型定量研究松花江流域的 NPS 污染物。通过 GIS 处理获得的 NPS 污染的重污染区域图像清晰可辨，并具有 NPS 污染物污染程度和分布的检索与查询功能，为科学决策提供了重要的图形支持及数据支持。

　　建立在 GIS 上的水环境非点源污染模型主要由 3 个组成要素：数据、非点源污染模型和 GIS 软件（ArcGIS、MapGIS 等）。空间和时间序列数据是非点源污染模型模拟的基础，而由于非点源污染物扩散的随机性特点，数据的实时性对于非点源的污染管理来说是至关重要的（董亮，2001）。数学模型具有定量模拟污染物的时空序列并预测其影响的特点。GIS 可以对海量数据进行预处理、分析、模型化并及时进行发布。通过空间数据（地理分布）与属性数据（污染物及其特征描述）的关联，实现图与属性的相互查询；通过建立空间解析模型来分析、模拟和显示污染物分布的实时状况。GIS 可以通过实时模型或预测模型来评估和预测同一污染物随时间的动态变化情况，为防止饮水污染的进一步扩散提供有效的防范措施。

2.3.3　基于 GIS 的饮用水污染源特性评价

　　选取对饮用水污染风险影响较大的存在形式、衰减特征、污染物浓度、迁移性和毒理性作为污染源性质评价参数（杨彦等，2013）。每个参数的取值为 1～10，表示该参数对饮用水安全的威胁大小，各参数的评分结果见表 2-8。

表 2-8　饮用水污染源参数的评分（括号内为分值）（杨彦等，2013）

存在形式	半衰期/d	污染物的量	油水分配系数	毒性
—			<50（10）	
—	15（1）	低（1）	<100（8）	弱（1）
密封（1）	16~60（3）	较低（3）	100~500（7）	较弱（3）
部分密封（5）	60~180（7）	中等（5）	500~1000（5）	中等（5）
暴露（10）	180~360（8）	较高（8）	1000~1500（3）	较强（8）
	360~720（9）	高（10）	5000~10000（2）	强（10）
	>720（10）		>10000（1）	—

　　通过模糊层次分析法计算污染源参数的权重。设 f_1、f_2、f_3、f_4 和 f_5 分别为目标污染物的存在形式、衰减特征、污染负荷、毒性和迁移特征。在建立优先关系矩阵 F 的基础

上[式（2-11）]，计算模糊一致矩阵 $\boldsymbol{Q}$[式（2-12）]，最终确定污染源参数的权重值(表 2-9)。

$$\boldsymbol{F} = \begin{bmatrix} 0.5 & 1 & 0 & 1 & 0 \\ 0 & 0.5 & 0 & 0.5 & 0 \\ 1 & 1 & 0.5 & 1 & 0.5 \\ 0 & 0.5 & 0 & 0.5 & 0 \\ 1 & 1 & 0.5 & 1 & 0.5 \end{bmatrix} \qquad (2\text{-}11)$$

$$\boldsymbol{Q} = \begin{bmatrix} 0.5 & 0.8 & 0.2 & 0.8 & 0.2 \\ 0.2 & 0.5 & -0.1 & 0.5 & -0.1 \\ 0.8 & 1.1 & 0.5 & 1.1 & 0.5 \\ 0.2 & 0.5 & -0.1 & 0.5 & -0.1 \\ 0.8 & 1.1 & 0.5 & 1.1 & 0.5 \end{bmatrix} \qquad (2\text{-}12)$$

表 2-9　地下水污染源参数的权重（杨彦等，2013）

污染性质指标	存在形式	衰减特征	污染物的量	迁移特征	毒性
权重	0.20	0.05	0.35	0.35	0.05

选取土壤中污染物超标率高、检出率高，且具有一定毒性效应的 Cd、Pb、Fe 和 Cu 为区域特征污染物。采用多指标评价方法计算研究区饮用水污染源综合指数，通过 GIS 技术方法可以将饮用水污染等级在空间上进行可视化，直观地展现饮用水污染空间分布状况（刘明柱等，2002）。图 2-11 为常州市污染源特性评价分级图。

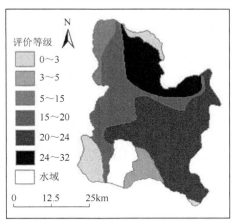

图 2-11　常州市污染源特性评价分级图

底图来源于星球地图出版社《中国分省系列地图集：江苏省地图集》，审图号：JS（2016）01-122 号

第 3 章 饮水安全地理信息系统与人体健康

　　饮用水的安全问题对人类健康有着至关重要的影响。据世界卫生组织资料介绍，世界上有 80%的疾病与饮水有关，发展中国家约有 10 亿多人受到介水传染病的威胁。每年由于饮水引起的疾病非常普遍，3500 万例心血管疾病、3000 万例肝癌或胃癌、9000 万例肝炎和 7000 万例胆结石等都与饮水有关。我国有 79%的人口正在饮用被污染的有害水，1.7 亿人在饮用高氟水，8000 万人饮用有机物相当高的水。自来水中有 785 种有机化学污染物，其中致癌物 20 种，可疑致癌物 23 种，促癌物 18 种，致突变物 56 种。细菌、病毒和原虫等可导致介水传染病；高氟水、高砷水和苦咸水可导致水型地方病；铬、汞和氰化物等可导致化学性中毒。我国饮用水受污染形势非常严峻，不容忽视。研究各类人群健康与饮用水之间的关系，一方面有利于了解饮用水对人体健康的影响，另一方面对于制定有效的水环境管理法律、法规、政策和标准也具有十分重要的意义。

　　近年来 GIS 技术的迅猛发展为研究者提供了新颖可靠、科学合理的综合分析空间信息的方法。GIS 应用于饮用水与健康关系的研究，可使研究方法更加完善、合理，表达方式更加多元化。随着应用型 GIS 的集成、二次开发以及控件地理信息系统（ComGIS）、网络地理信息系统（WebGIS）的出现，原本复杂的 GIS 软件开发变得方便易行，促进了 GIS 在该领域的应用（Boulos et al.，2011）。利用 GIS 技术，可以为人类的饮水安全监测和预警起到辅助作用。目前，利用 GIS 技术对饮水安全的研究已涉及重金属污染、化学药品污染、水源地污染以及疾病调查等诸多方面。

3.1　不安全饮用水对人体健康的危害

　　由于社会经济的快速发展以及人口的迅速增长，人类对水资源的需求与日俱增，同时对水质与水量的要求也明显提高。水资源受到水土流失、水污染和重金属等多种因素的污染，造成地表水有机成分逐渐增多，其中大部分对人体健康有较大的危害。另外，受到污染的水体可能发生富营养化，造成水中藻类繁殖过度，产生有害的藻毒素和难闻的嗅味。

3.1.1　饮用水中重金属元素对人体健康的影响

　　环境中的重金属可经过多种途径进入人体，其中饮水摄入是人体暴露的主要途径之一。重金属对人体健康有一定的毒性，它的稳定性高，进入人体后可累积在人体脏器及肌肉中，难以通过降解或代谢排出体外。由于人类社会发展对环境产生不可逆的破坏，造成当今生态环境中普遍存在重金属污染物，这些重金属可通过多种途径进入水体中。例如，工农业及生活废水直接或间接地排放在河流中，降水到地面后汇聚进入地表径流，受污染河流底泥缓慢释放出所含重金属物质。当重金属在水体中积累到一定程度时，会对水系统、水生植物系统、水生动物系统产生严重危害，造成水环境中的动植物重金属含量超标，若人类通过饮水、食物链接触到这些动植物，将会对人类健康造成很大的影响（Joshua et al.，2012）。

重金属进入人体后会对人体的健康造成极大损害，重金属的健康风险已引起社会的广泛关注。国际癌症研究机构（International Agency for Research on Cancer, IARC）将铬、砷和镉列为人类 I 类致癌物；汞、铅和锌可对消化系统、神经系统和血液系统等造成严重危害（王若师等，2012）。

镉（Cd）进入人体后滞留时间长，人体内镉的生物半衰期一般为 20～40a。金属镉化合物的毒性远大于镉单质的毒性。消化道与呼吸道摄取被镉污染的水、食物和空气是引起镉中毒的主要途径。如果长期摄取镉含量超过 0.2mg/L 的水或食物，会引起"骨痛病"，进入人体的镉难以通过代谢排出体外，常累积在肝、肾、胰腺、甲状腺和骨骼中，引起器官发生病变，造成人体产生贫血、高血压、神经痛、骨质疏松、肾炎和分泌失调等病症。

铁（Fe）元素是人体必需的微量营养元素，它主要参与细胞间氧的输送和组织呼吸过程，是人体合成许多酶的重要组分。人体中铁元素过少会引起缺铁性贫血，但如果水中铁含量过高，管道内易生长铁细菌，增加水的浑浊度，导致水体的颜色、味道与正常水体不同，不适宜作为饮用水。长期摄入过多的铁或其无法及时排出体外而沉积于肝脏、胰脏、心脏和皮肤中，将导致人体患上血色病、肝功能异常和心肌损伤等疾病。

铝（Al）超标现象已成为影响居民健康的严重问题之一。铝的毒性低，不会导致急性中毒，但摄入量超过国家标准时将对人体造成危害。一旦人体摄入含铝物质后，最多只有 10%～15%能够被代谢排出体外，剩下大部分将与体内多种蛋白质和酶等结合后蓄积在体内，还会影响体内多种生化反应。人体长期摄入含铝物质会损伤大脑，影响智力，轻微时出现贫血和骨质疏松等病，严重时将导致痴呆，对身体抵抗力较弱的老人、儿童和孕妇产生的危害更大。

氟（F）对人类牙齿的健康影响较大，表 3-1 中统计了饮水中不同含氟量与龋齿和氟斑牙患病率之间的关系。饮用水含氟量在 0.5～1.0mg/L 时对应的氟斑牙患病率为 10%～30%，属于轻度斑釉；饮用水含氟量在 1.0～1.5mg/L 时对应的氟斑牙患病率升高至 45%以上，而且重度患者明显增多；饮用水含氟量在 0.5mg/L 以下时对应的龋齿患病率也高达 50%～60%，含氟 0.5～1.0mg/L 对应的龋齿患病率仅为 30%～40%。由此得出，饮用水中氟含量为 1.0mg/L 时对牙齿有轻度影响，具有防龋作用，缺氟和氟超标都会导致不同程度的牙病，并且氟超标对消化系统、内分泌、神经系统和免疫功能等都会产生一系列的不良影响，如四肢麻木无力、胃肠功能紊乱和结石等，严重时可导致死亡。

表 3-1　饮水中含氟量与龋齿、氟斑牙发病率对照表

含氟量/（mg/L）	龋齿发病率/%	氟斑牙发病率/%
<0.5	50～60	—
0.5～1.0	30～40	10～30
1.0～1.5	—	>45

砷（As）元素普遍存在于生活环境中，是人体构成元素之一。根据砷的来源，可将砷中毒分为饮水型地方性砷中毒、燃煤型地方性砷中毒和空气型地方性砷中毒。人体正常代谢每天要从环境中摄入 100μg 左右的砷，再通过粪便、尿和汗腺等途径排出 100μg 左右的砷，维持人体砷代谢平衡，一旦砷的摄入量大于排出量，就会对人体造成不同程度的伤害，并且在肝、肾、肺和骨骼等部位聚集，还会抑制许多酶的生物活性，造成人体代谢障碍（高健伟等，2013）。砷是 IARC 最早确认的一类致癌物质，可导致皮肤、心肌、呼吸和免疫等系统不同程度的损伤。如果长期摄入低剂量的砷，发病潜伏期可达十几年甚至几十年。慢性砷中毒的症状有皮肤色素高度沉着和皮肤高度角化等。经由消化道摄入的砷一般会造成急性砷中毒，主要症状为剧烈腹痛、恶心，抢救不及时甚至造成死亡。

3.1.2　饮水中植物毒素对人体健康的影响

植物毒素是抑制植物生长的有毒物质，通常对人和动物也有直接或间接的毒害作用，它是由植物或微生物通过自然发生的化学反应而产生的物质，毒素的主要成分有非蛋白质氨基酸、肽类、蛋白质、生物碱及甙类等（Lars，2004）。

我国面临的重大环境污染问题之一就是水体富营养化，特别是蓝藻的异常繁殖生长。蓝藻又称蓝细胞，是地球上最早出现的光合自养生物，它利用太阳光能将 CO_2 还原成有机碳化合物，并释放出自由氧。蓝藻广泛分布于淡水、咸淡水、海水和陆生环境，能产生一系列毒性很强的天然毒素（称为蓝藻毒素），危及人类的健康。当湖泊、河流或水库中蓝藻大量繁殖而形成水华时，会给人类带来很大危害。蓝藻中铜绿微囊藻等藻类产生的环状七肽化合物——微囊藻毒素（microcystins，MCs）具有肝毒性、肾毒性、神经毒性、免疫毒性及生殖毒性，也是确认的肝癌促进剂（谢平，2009）。MC-LR 是 MCs 异构体中毒性最强的一种，也是我国富营养化水体中毒性较大的常见亚型。

人类主要通过饮水、食用水产品、皮肤接触水或医疗过程中血透析这四大类途径接触到蓝藻水华或蓝藻毒素。由于环境污染问题的加剧导致水体富营养化情况增多，蓝藻水华问题频发，人类更容易接触到微囊藻毒素，从而影响身体健康。

3.1.3　饮水中化学污染物对人体健康的影响

1. 硝态氮污染

水源地含氮化合物污染会导致饮水中硝酸盐和亚硝酸盐的存在。一般情况下，监测水环境中的氮污染主要是检测硝酸和亚硝酸盐氮含量（张庆乐，2008）。一旦水体氮含量超标，一方面会使水环境质量恶化，另一方面会严重危害人类及动植物的健康。饮水水源中的硝态氮污染源包括以下几个方面。

（1）氮肥引起的水源污染。农业生产中过量使用氮肥会造成饮用水被硝酸盐污染。自人工合成氮肥以来，为了提高农作物的产量，化肥被广泛地使用和依赖，人们盲目追求粮食作物产量甚至一度存在过度施肥的现象。但是氮肥中能够被植物吸收利用的营养物质只有 30%～40%，因此大部分过度使用的氮肥经过径流损失和淋溶下渗等各种途径进入自然环境，最终导致地表水甚至部分地下水硝酸盐的含量大大增加。

（2）生活污水及粪便引起的饮用水硝酸盐污染。人类社会活动产生的生活污水及粪便、尿液等物质会通过渗井与化粪池渗入地下，通过土壤微生物的转化作用把有机氮化合物分解产生氨基酸，再经过氨化作用合成氨，后由亚硝酸盐细菌作用转化为亚硝酸盐，最终经硝化细菌的作用氧化为硝酸盐。通过抽样化验新旧居民区地下水中 NO_3^- 的平均浓度，证实了生活污水和居民生活区的粪便是造成饮用水污染的重要原因。

（3）工业污水引起的饮用水硝酸盐污染。随着工业的不断发展，越来越多的食品加工厂、造纸厂及制药厂投入生产作业，这些工厂排放的废水中含有大量有机物并通过渗透作用进入地下水，经过一系列生物化学作用转化为硝酸盐。与化学有关的工业、工厂使用的原材料也与硝酸盐有关，这些原材料在其加工、使用过程中以及寿命结束后，仍有一半左右以各种方式进入地表水和地下水中，对水体造成严重污染。

2. 地塞米松污染

近年来多种疾病的治疗都离不开地塞米松类药物，如过敏症、免疫性疾病、皮肤病和眼科疾病等。一旦使用地塞米松类药物，其残液可经多种途径对环境造成污染，尤其是医院废水中存在的地塞米松类药物，而且此类药物也可从使用者体内经分泌液与尿液排出，对周围环境造成污染（杨茜，2016）。目前，医院的废水处理主要采用物理、生物化学和消毒的方法，这些方法可清除废水中的病原体、放射性物质和重金属等，但尚未对激素类污染物产生有效处理。

通过对小白鼠的实验发现，饮用水如果被地塞米松污染，不论剂量大小均会对小鼠神经系统产生明显的影响，且改变实验体肠道菌群的结构，同时抑制益生菌定植，从而有利于致病菌的侵入。地塞米松磷酸钠低剂量对菌群结构影响较小，中、高剂量对菌群结构影响较大。地塞米松污染饮水可引起肠道菌群变化，这可能是肠道菌群中有的细菌能以地塞米松为碳源和能源进行代谢，从而促进其生长，使菌群结构和分布发生改变。因此，天然水体中的地塞米松会对人体产生潜在危害。

3.2　饮水安全对人体健康影响的 GIS 方法研究

传统的饮用水与人体健康关系研究主要是利用各种实验手段和分析工具，得到的结果多为实验性数据的分析结论。将 GIS 技术应用于饮水安全与人体健康的关系研究能提高研究结果的准确性与综合性，从地理空间视角对饮水与人体健康关系进行可视化，从空间分析视角对饮水与人体健康关系进行空间关系和空间分异分析。

3.2.1　饮用水与人体健康关系的传统研究方法

研究饮用水与人体健康关系的课题涉及多个学科领域：流行病学、毒理学和水化学等。相较以往单一手段的研究方式，利用多学科研究饮用水与人体健康是必要的，也是必然的，并且有着潜在的优势。饮用水与人体健康的研究方法涉及各个领域的基本方法，如实验法、比较法、分析法和追溯法等（任金法，2009）。

1. 饮用水水质检测

目前对于饮用水常规污染项目研究使用原子吸收法、分光光度法、高压液相色谱法、离子色谱法和膜电极法等一些化学方法。对水生生物和人体健康有潜在危害的有毒污染物主要测定挥发性有机污染物、半挥发性有机污染物、含有机氯农药及多氯联苯和多种金属元素。

2. 流行病学方法

流行病学方法是研究饮用水与健康的最基本方法之一，包括环境流行病学方法和环境毒理学方法。流行病学的研究可分为个体危险性研究和群体危险性研究。个体危险性研究是通过病例对照研究和队列研究分析污染物暴露与健康效应的关系；群体危险性研究是用生态学方法分析人群健康指标，如癌症的发病率、死亡率和水中污染指标的关系。这些方法能确定饮用水中某元素或污染物与人体健康的相关关系。通过流行病学调查，统计数据并且分析出相关性，进而分析出具体原因，也是很多学者研究的基本思路。在饮用水与人体健康研究中，应加强流行病学研究方法的应用。

3. 生物诊断法

通过动植物、微生物对污染水质的机体反应来确定饮用水中所含物质对生物体造成的毒理危害，借此实现对人体毒理危害的研究（段小丽等，2010）。通常采用动物实验的方法来研究水中有害物质对健康的影响，是研究剂量–效应关系的主要方法。例如，利用藻类毒性实验方法对水体中污染物的毒性进行检测，国内外进行了大量的研究，其中重金属对藻类的影响最深。在进行水体污染物毒性诊断标准的实验中，选出敏感的实验生物，能够提高快速诊断的效果。

3.2.2 饮用水与人体健康关系的 GIS 研究方法

GIS 是一门综合性学科，结合地理学、地图学、遥感和计算机科学等已经广泛地应用在不同的领域。GIS 很早就被应用于公共卫生领域，尤其是流行病学领域。GIS 可以用于疾病的监测，展示疾病的时空分布，从而达到信息的可视化；基于相关数据做一些病因分析和危险因素分析等；对疾病的干预措施进行效应评价，同时预测疾病发展的趋势等。

在研究饮水对人体健康影响的过程中，GIS 技术把饮水对人体健康影响的数据通过视觉化效果和地理分析功能集成在一起（Nykiforuk et al.，2011）。利用 GIS 技术，可以对研究中使用的数据进行输入、存储、查询、分析和显示等操作，将原本单一的研究数据匹配相应的空间信息，拓宽研究问题和分析问题的视角，开辟出从地理空间的角度分析和把控问题的新研究方法。

研究需要重点关注的五个关键点如下。①人员：人员是研究过程中最重要的组成部分，GIS 开发人员必须定义 GIS 中被执行的各种任务以及开发程序；基础数据收集人员要广泛地收集饮水对人体健康影响的数据；软件操作人员要熟练利用 GIS 软件对基础数据进行处理、编辑和分析。②数据：一是饮水对人体健康影响的准确基础数据，二是经过 GIS 再加工的数据，可供 GIS 软件查询和分析问题。③硬件：硬件的性能影响到软件对数据的处理速度。④软件：不仅包含 GIS 软件，还包括各种数据库、绘图、统计、影像处理及其他程序。⑤过程：GIS 要求明确定义，采用一致的方法来生成正确的可验证的结果。

3.3　GIS 在饮水安全与人体健康关系中的应用

在人们的生活中，80%的数据包含着空间信息。饮用水对人体健康影响的数据也有着明显的地理空间分布特征。GIS 能够挖掘出传统统计学方法中尚未被利用的空间信息，通过其强大的空间分析功能，为研究者提供一种全新、可靠和科学合理的空间信息处理方法，将传统分析方法与 GIS 相结合，使得饮水与健康关系的研究方法更加完善、合理。以下是一些利用 GIS 辅助研究饮用水对人体健康影响的应用实例。

3.3.1　GIS 在流行病调查中的应用

水源性疾病的发生与流行、水质监测点的分布、卫生资源的配置以及各种干预措施的实施等都具有空间和时间上的演变特性，这是 GIS 在饮水与健康领域中应用的前提条件（Kistemann et al.，2002）。GIS 为研究者提供了一种全新、可靠和科学合理的处理空间信息的方法，能充分利用传统统计方法尚未利用的空间信息（武先锋等，2005），其优点主要体现在三个方面。①数据管理及查询。在饮水与健康的研究中，不同来源的基础数据量非常庞大。例如，水质和疾病的资料数据以及数据所包含的空间信息，GIS 可利用空间数据库对这些数据进行管理、查询，为研究者提供分析的基础（Li et al.，2013）。②空间分析能力。GIS 具有各种各样的空间分析功能，如缓冲区分析、叠置分析等，能充分利用传统统计方法尚未利用的空间信息。研究者可利用 GIS 的分析功能，对水质分布情况进行地理空间的布局展示，从宏观角度判断水质污染情况。③结果输出。GIS 可将研究结果以多种形式输出，如表格、专题图和地图等，特别是水质监测数据，以地图为背景在相应位置或区域用多种方式展示，如散点、密度和条图等，使表达方式更加直观。

3.3.2　GIS 在大骨节病区饮水安全调查中的应用

大骨节病的空间分布及发病原因与饮水安全存在一定的关系。GIS 可辅助查明大骨节病的发病机理，管理大骨节病调查资料和空间特征资料，评价大骨节病区的饮水水质，查明大骨节病与饮水安全之间存在的相关关系（罗水莲，2010）。

研究区选择四川省壤塘县。通过调查，获得各种专业信息和地理信息。利用 GIS 的图形编辑功能对空间数据和属性数据进行输入、编辑、查询、空间分析、输出和拓扑管理等操作，将信息中一类图素或性质相近的一组图素的空间数据存储在同一个 GIS 图层中。同一图层具有相同的属性结构，不同的要素层分别存放在不同的文件中，如大骨节病寨子图层和泉水点取样图层等，如表 3-2 所示。

表 3-2 GIS 工程文件组织结构（罗水莲，2010）

文件	文件类型	属性信息	空间信息
GIS 工程文件	等高线.wl 高程点.wt	具有高程信息	具有空间坐标信息
	河流.wp 河流分界线.wl	具有河流、河流大学、流域分区信息	
	交通.wl 乡镇及标注.wt 村界.wl	具有行政区及交通等信息	
	地层代码.wt 断层.wl	具有地层及地质构造等信息	
	病寨子.wt 泉水取样.wt 土井取样.wt	具有上述信息的大骨节病及水质分析点	
	⋮	⋮	

大骨节病调查数据分为空间数据和属性数据。空间数据表达形式为点、线、面图层。例如，水质分析取样点为点图层，具有大骨节病的村寨为点图层，地下水补给排分区界线为线图层，水质评价元素的异常区为面图层。利用 GIS 系统的工程文件管理不同属性的点、线和面文件。各类要素图层具有特定的空间信息，如投影信息、空间坐标和海拔等。另外，还需要叠加一些基础地理信息图层，如行政分区、河湖水系、交通路网和地质构造等。村寨点图层的属性表主要记录饮水的水质测度、各村寨总人口、患病人口和患病程度等。

利用 GIS 中的数字地形模型（digital terrain model, DTM）分析功能对大骨节病相关的饮水水质进行评价。DTM 是地形表面形态属性信息（一般包括高程、坡度和坡向等）的数字表达，是带有空间位置特征和地形属性特征的数字描述。按照这一思路，将地下水中某一成分的分析特征值替换地表形态属性信息，便可以做出地下水某成分的带有空间位置特征和地形属性特征的数字表达，从而得出地下水化学成分中某一成分数值的分区，依据大骨节病水质分级参考标准，将地下水划分为-Ⅲ级、-Ⅱ级、Ⅰ级、Ⅱ级、Ⅲ级。地下水中所有成分都可以利用 DTM 分析功能做出其正常区和异常区，以达到评价该成分的目的。将所有成分异常区综合分析便可以找出大骨节病分布区的各成分异常组合，用以分析评价大骨节病形成原因。

以地下水中腐殖酸为例，通过调查获取浅层水取样点的腐殖酸浓度值（表 3-3），基于 GIS 评价不同腐殖酸含量对大骨节病的影响。

表 3-3 浅层水取样点腐殖酸浓度值（罗水莲，2010）　　　　　　（单位：mg/L）

编号	腐殖酸浓度	编号	腐殖酸浓度	编号	腐殖酸浓度	编号	腐殖酸浓度	编号	腐殖酸浓度
1	0.63	11	3.98	21	0.63	31	1.57	41	3.71
2	0.62	12	4.39	22	0.94	32	1.85	42	3.82
3	0.94	13	4.71	23	0.92	33	1.85	43	3.68
4	1.25	14	5.56	24	1.25	34	2.15	44	3.76
5	1.88	15	5.45	25	1.54	35	2.47	45	4.39
6	2.82	16	5.97	26	1.53	36	2.45	46	4.63
7	2.95	17	5.87	27	1.57	37	2.45	47	4.97
8	3.02	18	6.24	28	1.57	38	3.07	48	5.02
9	3.45	19	7.41	29	1.57	39	3.07	49	5.33
10	3.79	20	0.61	30	1.60	40	3.45	50	6.27

1. 腐殖酸含量分布图制作

利用 GIS 的编辑系统、误差校正模块、投影变换模块及属性库编辑功能，制作大骨节病区腐殖酸水样点分布图，见图 3-1。

图 3-1　壤塘县大骨节病区腐殖酸水样点分布图

壤塘县底图均来源于星球地图出版社《中国分省系列地图集：四川省地图集》，审图号：JS（2016）01-128 号

GIS 的编辑系统可编辑不同来源的信息，如来自 GPS 或其他数据源的各种地理信息（坐标、地形、地貌、河流、地质环境和水质分析点），或者将纸质图纸中的信息数字化为可编辑信息，统一录入 GIS 系统进行表达。工作过程中，经常无法避免地产生一些合理的误差。例如，数据采集设备的精度和图纸变形等因素造成的空间数据误差，可以利用 GIS 系统的误差校正功能，校正实体信息（如地形、河流和地质环境等信息）与实际图形位置之间的误差，解决实体信息的形变问题，使输入的实体信息更加符合实际。收集到的信息来源不同，它们的投影坐标系不同，会导致处于相同空间位置的实体信息不能完全套合，偏离真实空间位置，因此需要利用 GIS 的投影转换功能，对收集到的信息进行投影变换处理。

为了分析饮水中腐殖酸含量，使用同一地区的水质、高程和河流等地理信息进行叠置，设置了不同来源的信息（如栅格矢量化后得到的河流、高程等地理信息和 GPS 定点的水质分析点信息）的坐标类型、椭球参数及投影类型，对各类要素进行投影变换，从而做出壤塘县腐殖酸水样分布图（图 3-1）。从图 3-1 中可获得腐殖酸取水点的地理坐标、河流、高程、地质和地貌等环境地质信息，分析取水点浅层地下水中的腐殖酸的形成环境。

2. 腐殖酸含量等值线图的制作

用地下水中腐殖酸含量值替换地形表面形态属性值信息，即将地下水腐殖酸含量作为取样点的属性字段之一，这样腐殖酸含量就带有了 X、Y 空间坐标，进而可以利用 GIS 的 DTM 分析模块制作带有空间位置特征和地形属性特征的地下水腐殖酸含量分布图（图 3-2）和腐殖酸含量分区等值线图。地下水腐殖酸含量分布图可在空间上反映浅层地下水腐殖酸含量的高低，从图 3-2 分析得出，壤塘县附近浅层地下水中腐殖酸含量最大值为 7mg/L。实地取水样，化验结果显示该处浅层地下水受人畜粪便或腐殖土的影响较大，推测出直接饮用该处的浅层地下水可能导致居民患上大骨节病。

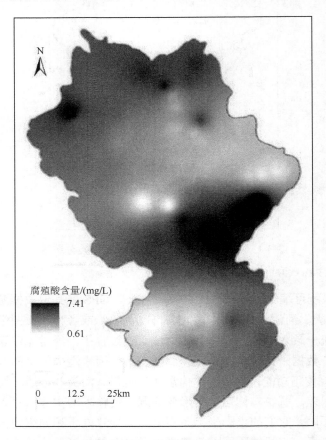

腐殖酸含量/(mg/L)

7.41

0.61

0　　12.5　　25km

图 3-2　浅层地下水腐殖酸含量分布图

3. 腐殖酸等级分区图制作

使用 GIS 的编辑和 DTM 分析系统制作腐殖酸等级分区与大骨节病分布关系图，将浅层地下水腐殖酸含量划分为Ⅰ、Ⅱ和Ⅲ三个分区（图 3-3），分析大骨节病与地下水腐殖酸含量高低之间的关系。

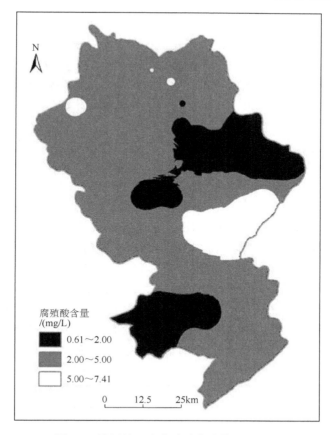

图 3-3　浅层地下水腐殖酸含量等级分区图

4. 综合分析

壤塘县大部地区腐殖酸含量等级属 II 区，水中腐殖酸含量多在 2～5mg/L。大骨节病寨子多数也分布在腐殖酸含量大于 2mg/L 的区域。此评价方法同样适用于其他指标，可延伸至其他几类要素的分析。

GIS 的空间分析功能，可以将带有属性的不同要素图层进行相交、裁剪等操作，从而很好地辅助分析大骨节病的形成，指导大骨节病区的饮水和实施打井供水，以防大骨节病的发生和加重。

3.3.3　GIS 在村镇饮用水源地水质时空变化分析中的应用

GIS 技术有丰富的功能和多样的展示方式，可将关于水质的各项指标、浓度及影响因子等复杂数据与空间地理位置相结合，使水质评价信息由单一走向生动（Vieirx et al.，2013），因此 GIS 技术在水质时空变化评价中有着更广泛的前景。

我国地表水水质监测指标主要包括氨氮、pH、溶解氧、高锰酸盐指数、化学需氧量和五日生化需氧量等。根据饮用水水源地的水质调查结果并结合 GIS 技术，建立村镇饮用水源地地理信息系统，通过建立图层，使不同地区水质级别能够清晰地在地图上显示出来，用以分析饮用水水源地的水质时空变化情况，为我国村镇不同类型饮用水水源地水质分析、水质保护及生态修复技术的开发提供强有力的技术支撑。

水质评价的传统方法主要有专家评价法、模糊评价法、指数评价法、人工神经网络法和灰色关联分析法等。基于 GIS 水源地水质评价的数据可来源于环境保护部、政府网站数据中心、全国各省环保厅及各市县环保局发布的饮用水源地水质监测数据、水源地所在市县统计局以及实地调查资料等。

使用 GIS 的空间分析功能和数据管理功能，建立饮用水源地理信息系统，载入资料中 94 个河流型水源地水质级别的数据信息，通过相关可视化操作分析水质时空变化（杨春蕾，2016）。在以河流为饮用水源的地区，选定一些典型的饮用水水源地，查询其 2013～2014 年的水质级别数据资料，利用 GIS 技术进行可视化分析，将不同水源地的水质级别集中展布在地图上，制作 94 个河流型水源地水质分布图。

河流型水源地水质情况整体良好，并且 2013～2014 年水质整体呈现好转趋势。2013～2014 年，具有Ⅱ级水质的水源地分布较多，Ⅲ级水质的水源地次之，然后是少数Ⅳ、Ⅴ级和劣Ⅴ级水质。统计后可得出Ⅲ级水质的水源地个数在这两年内所占比例分别为 82.97%和 86.17%，水质达标率均较高，水质年际状况良好。优于Ⅲ级水质的水源地个数所占比例由 2013 年 82.97%上升到 2014 年的 86.17%，Ⅲ级水质的水源地个数所占比例由 23.40%上升到了 31.91%，Ⅳ级水质的水源地个数所占比例由 11.70%下降到 9.57%。由此可得，河流型水源地水质情况整体呈现好转趋势，但仍有水质超标的水源地零星出现，所占比例不大但仍需重视与防范，对饮水水源地的保护仍需加强。

第 4 章　饮用水水源地地理信息系统

我国饮用水水源地保护工作相对滞后、水处理工艺差及配水系统不安全，致使水量减少、水质下降，饮水安全受到威胁，因此加强水源地保护、及时关注水源地水质水量的时空变化尤为重要。GIS 作为信息产业的重要组成部分，是一门综合性应用系统，可以广泛应用于饮用水水源地研究中。

GIS 将计算机科学、地理学及各种对象融为一体，把相关信息同地理坐标及图形图像结合起来，对空间数据进行采集、存储、编辑、显示、转换、分析和输出，以满足用户分析和决策的需要。将 GIS 技术应用到饮用水水源地研究中，可以把水源地相关的数据、信息与空间地理坐标相联系，使数据从单一的表格数字变为生动形象的图形图像呈献给使用者，使其对数据的了解更加清晰和明确。本章主要阐述水源地 GIS 的地图表达、空间分析方法和数据管理，饮用水生源地的动态监测、预测、规划、预警和防范，水源地水质监测与评价地理信息系统的开发（何伟等，2002）。

4.1　饮用水水源地空间分析方法

地理信息系统的目的是在空间尺度上对地理信息进行全方位表达，空间分析方法能更准确地认识、评价和综合理解地理要素的空间位置和空间相互作用。在饮用水水源地研究中，常用的空间分析方法有空间插值、叠加分析和归一化植被指数等。

4.1.1　水源地水质时空变化

开展基于 GIS 的水源地水质时空变化研究，是饮用水水源规划、管理及其保护的重要内容，也是保障饮水安全的关键（韦金喜，2013）。

国内外很多学者在水源地水质时空变化及评价方面开展了大量的研究。水质评价方法常用的有模糊数学法、人工神经网络法、物元分析法、污染指数法和主成分分析法等（李仰斌等，2007）。污染指数法计算简单，但人为地将污染程度分成不同级别，不利于与国家水质标准相比较。模糊数学法、物元分析法和人工神经网络法等对于相关性的考虑更科学合理，且可与国家标准相结合，但计算繁琐，不能实现同级水质之间的比较。综合评价指数法以单因子指数法为基础，综合考虑多种水质因子的影响，最能体现饮用水源水质的安全状况，并且计算简单、易于操作。

通过分析评价多介质和多参数水质数据，运用 GIS 技术研究水质的时空变化，同时关注自然、社会经济和土地利用格局等影响因子对水环境质量的影响。Miller 等（2005）首先通过水质监测实时、准确地掌握水质动态，测量水源地和监测点的位置；其次根据饮用水源的基本情况，构建饮用水水源地水质评价体系；然后结合 GIS 技术，建立饮用水水源地地理信息系统，构建 GIS 数据库，利用 GIS 的 ArcCatalog 创建相关图层文件的元数据，绘制水源地位置及监测点分布图和水质时空分布可视化图；最后选择单因子指数法和综合评价指数法等进行水质时空变化评价，揭示水质时空分布规律，识别污染的关键区域。

还可以基于 GIS 的二次开发技术构建饮用水水源地地理信息系统平台，通过图层数据的创建及可视化图的制作，分析饮用水水源地水质时空变化规律，为我国不同类型饮用水水源地水质监测及预警系统的建立、水质保护及生态修复技术开发提供支撑（绿网环保，2017）。基于 GIS 的水源地水质时空变化的制图流程如图 4-1 所示。

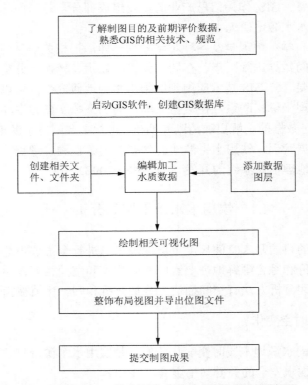

图 4-1　基于 GIS 的水源地水质时空变化的制图流程

4.1.2　饮用水水源地土壤养分空间分布

土壤信息系统的构建需要土壤养分的连续空间分布数据为基本信息，但在实际工作中由于人力和物力的制约，采样点数量有限，若想获得连续的数据，就不得不进行插值，通过插值获得研究区范围连续数据。GIS 插值分析可以提高水源地土壤养分管理的精度和效率。

空间插值是通过离散点的测量数据或局部数据推演出连续或整体的数据。空间插值算法包括空间内插和空间外推。空间内插是指针对同一区域用空间内已知点数据推求其他未知点数据；空间外推则是通过已知区域推求其他未知区域。常用的空间内插方法包括边界内插法、移动平均法、距离平均倒数加权法、趋势面拟合法、样条函数插值法和克里格法等。

克里金（Kriging）插值方法已广泛应用于地质、土壤和水文等领域。其中，普通克里金插值法根据采样点位置和相关程度的不同，对每个样点值赋予一定的权重，进行滑动加权平均对每个位置进行插值，常应用于土壤养分采样点的插值。样条函数内插法以最小曲率面来充分逼近各观察点，像一弯曲的橡胶薄板通过各观察点同时使整个表面的曲率为最小。理论上采用高阶多项式进行插值估计可以得到高阶平滑结果，但在实际研究中采用二阶多项式估值较多，此方法用途广泛，适合于内插变化平缓的情况。反距离法是基于采样点与其周围距离最近的若干个点对未采样点值的贡献最大，距离越大，贡献值越小，即距离衰减规律。

将地理信息技术与传统技术相结合，充分发挥"3S"技术之间的协作关系，通过定性描述和定量分析，对水源地土壤养分质量进行调查、分析和评价。利用 GPS 快速准确地获取采样点的地理坐标信息，并通过 GIS 软件将其转换为带有空间坐标的空间点，进行投影转换，以 10m×10m 的栅格为单因子养分评价单元，矢量单因子养分评价图通过叠加后生成综合养分评价单元图。利用 GIS 软件的空间插值功能，生成水源地养分含量分布图和土壤养分等级空间分布图。通过与实地土壤养分进行比较，生成最终的土壤养分空间分布图。

4.1.3　饮用水水源地补给潜力

地理信息系统中的叠加分析可以提取空间隐含信息，利用 GIS 软件的叠加分析工具，通过空间关系的比较和属性关系的比较，将两个或多个数据层的信息叠加产生一个新的数据层，该新图层包含所有图层的属性信息。叠加分析包括视觉信息叠加、点与多边形叠加、线与多边形叠加、多边形叠加和栅格图层叠加等。

水源地补给潜力分析应综合考虑研究区内的地形、地貌、地质、水文及含水层特征和管网条件等因素（叶超等，2005）。基于 GIS 的水源地补给潜力多元信息叠加分析需要叠加的图层包括地质、水文地质、地形、地表水体、降水、蒸发、植被、遥感影像和数字高程模型（DEM）等。

水源地补给潜力的分析过程如下：收集研究区的相关资料，包括图形、图像、数字和文字资料，对图形扫描矢量化和数字化，建立专题图层和数据库；详细分析研究区的水文地质条件，并建立地下水概念模型；在概念模型的基础上，修正数据，校正模型，建立地下水模拟模型，并对模型进行识别和验证；将水源地补给潜力的影响因子栅格图层（降水量、蒸发量、植被、地表水体、面状开采强度、岩性参数分区和行政区划）赋以不同的权值之后进行叠加，构建一个新的综合图层，初步确定水源地靶区（目标区）；通过地形等高线和离散的高程控制点生成 DEM，以便对研究区进行地形分析；在 GIS 软件中建立三维地形模型，并将综合图层叠加在三维地形模型之上，确定水源地目标区；在此基础上，利用校正后的模型对不同开采条件、不同降水频率的地下水动态进行预测预报，计算水源地的开采潜力；对时间序列相关的数据，通过图表等形式进行统计回归分析，包括降水量、蒸发量、开采量和地下水位等；运用最优化理论，建立水源地补给潜力的最佳开采方案（图 4-2）。

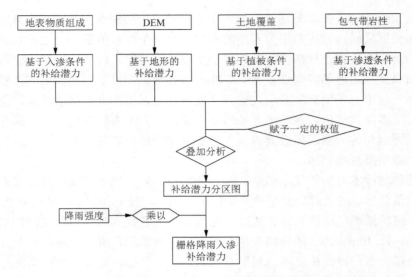

图 4-2　基于 GIS 的地下水补给潜力分析流程

4.1.4　水源地信息管理系统开发

建立 GIS 管理系统，实现对水源地在线查询、水质分析和动态实时监测等功能，能够及时获取实时信息，了解污染物的来源和转移过程，为建立水源地保护区、保护水源地生态环境提供科学决策依据（王京等，2010）。

水源地信息管理系统从数据的采集到提供决策分析可分为四大子系统：数据采集系统、数据库系统、地理信息系统和水源地保护决策分析系统。该系统可实现水情、水质信息的实时采集、自动传输和存储功能；基于 WebGIS 的信息在线查询和统计分析功能；水源地水环境的预警和预报功能。

（1）水源地在线查询。水源地信息管理系统提供对水源地周边地物、地表水和地下水等的查询功能。在系统中，输入所要查询地物的名称，即可得到其准确的位置及该地物的主要信息。

（2）水源地实时监测。利用实时监测设备获取水源地实时信息，如利用检测仪监测水源地主要水质因子、水位和水温等；利用红外线摄像头监控水源地主要入口。将监测的实时信息及时传输到水源地信息管理系统，存入空间数据库，并在水源地地图上实时显示和预警一些异常区域和异常因子。

（3）水源地水质预测。根据水源地的水质监测信息、污染物排放等数据，在 GIS 环境中建立水质预测模型，通过模型预测水源地污染物的污染范围、程度和污染态势。

（4）水源地水环境评价。收集水源地的泥沙含量、输沙量、硬度、矿化度和地下水位等资料，利用水源地信息管理系统展现这些要素的时空分布规律，评价水源地资源质量、污染源和污染负荷总量控制等。

（5）水源地保护。利用水源地信息管理系统，可通过输入坐标、类型等因素分析拟新建工程对水源地保护区的潜在影响，确定所建工程是否符合水源地保护管理规定，为水源地保护提供科学决策支持。

4.2　"3S" 技术在饮用水水源地中的应用

地理信息技术作为技术手段，包括地理信息系统（GIS）、遥感（RS）和全球定位系统（GPS）。其中，GIS 提供地图制图和分析功能，GPS 提供定位信息，RS 具有快速高效、空间覆盖广阔、内容丰富和更新周期短等特点，在水源地资源调查中具有明显的优势，可作为对传统调查手段的有效补充。"3S" 技术已广泛应用于水源地保护区的水体面积、地表覆盖/土地利用和植被覆盖密度等的信息提取。

4.2.1　饮用水水源地监测

传统的饮用水水源地监测主要基于"点"尺度的人工监测，难以获取"面"尺度的信息。卫星遥感具有速度快、尺度大等优势，能够获取水源地整体信息，是一种较好的水源地监测手段。但卫星遥感易受天气、时间和空间分辨率等的影响，从而影响饮用水水源地监测的精度和实时性。

近年来，无人机遥感已应用于农业、工业和军事等行业。无人机是具有动力装置和导航模块的一种机上无人驾驶的航空器，能够在一定范围内通过无线电遥控设备或计算机预编程序自主控制飞行。无人机遥感集成了通信技术、POS 定位定姿技术、GPS 差分定位技术、遥感传感器技术、遥测遥控技术、遥感应用技术和先进的无人驾驶飞行器技术，能够智能化、自动化、专业化及快速地获取国土、环境、资源和事件等空间遥感信息，并能进行实时收集、处理、建模和分析，是卫星遥感技术的有力补充。

利用无人机平台监测水源地污染状况及周边生态环境，能有效分析影响饮用水水源地水质的潜在风险和成因（洪运富等，2015）。通过无人机遥感影像的目视解译，结合已有地面调查信息，可快速、准确地获取水源地表覆盖信息。可利用不同被测物具有不同温度的原理，通过无人机热红外视频数据解译相关地表信息，有效解决因某些地物隐藏而无法目视判读的难题。例如，在南水北调工程东线输水水域的水源地监测中，将载荷搭配（可见光与热红外）和无人机相结合，监测水源地污染源，分析水质的潜在影响，已取得初步成果。

4.2.2　水源地保护区划分

饮用水水源地保护区是指国家为确保饮用水水源地环境质量，防止水源地受到污染而进行特殊保护的，具有一定范围的水域和陆域。如何科学合理地划定饮用水水源地保护区范围是确保饮水安全的一项重要基础工作（林桂兰等，2002）。水利部在 2016 年发布的 618 个全国重要饮用水水源地名录见附录 1。

在实际工作中，由于地形图数据更新不及时，增加了饮用水水源地保护区划分的难度（汪先锋，2010）。为了降低保护区划分难度、模拟还原真实的地形地貌和提高保护区划分的精度，可利用能获取地面实时信息的卫星影像、航拍照片和 Google Earth 等为电子地图底图，配合行政区划、道路交通和水域等矢量地图，发挥 GIS 的地图查询和地图制图功能，实现饮用水生源地保护区的划分（张保祥，2006）。

　　以 Google Earth 为例。使用 Google Earth Pro 软件搜索出饮用水水源地范围，获得该范围内的地形地貌和交通道路等影像资料，将地标文件转换成 ArcGIS 系统可以识别的 shp 格式文件（李赫，2012）。在 ArcGIS 软件中可以做出既精确又美观的保护区划分图。具体过程如下。

　　首先，在 Google Earth 中生成地标文件。水井点定位、水质监测点和保护区内的违章建筑物等均属于地标内容。在 Google Earth 中生成标记，并新建地标图层，记录地标的经纬度等信息。同时结合遥感影像加以矫正，并使用 GPS 实地测量（张敏等，2010）。

　　其次，划分饮用水水源地保护区。国家相关部门对饮用水水源地保护制定了技术规范（HJ/T 338—2007），依据技术规范要求，确定保护区的级别及保护半径。在确定保护区范围时，综合考虑水井周围的地形地貌、道路交通、公共设施和建筑物等标志性因素，得到一个完整的综合图层，并将其保存为 KML 格式的图层文件。

　　最后，利用 ArcGIS 进行制图。可以通过 ArcGIS 软件，打开 KML 格式文件，将其转换为 shp 格式。然后，对地形图配准，其依据是 Google Earth 图，导入综合图层 shp 文件，调整页面布局，添加相关成图要素，生成水源地保护区划分图。图 4-3 显示了陕北能源化工基地水源地勘查评价分区图。由图 4-3 和表 4-1 可知，勘查与核查的陕北能

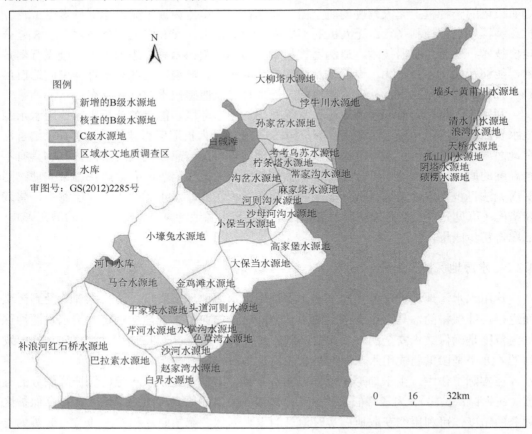

图 4-3　陕北能源化工基地水源地勘查评价分区

源化工基地 33 处水源地可采资源总量为 9.02 亿 m³/年。30 处水源地达到 B 级精度，可采资源总量为 7.87 亿 m³/年（215.62 万 m³/d）；3 处水源地达到 C 级精度，可采资源总量为 1.15 亿 m³/年（31.51 万 m³/d）。新增 8 处 B 级水源地的水资源量为 2.02 亿 m³/年（55.34 万 m³/d），新增 3 处 C 级水源地的水资源量为 0.82 亿 m³/年（22.47 万 m³/d），C 级升 B 级的 9 处水源地增加 B 级资源量为 2.27 亿 m³/年（62.19 万 m³/d）（陕北能源化工基地项目组，2009）。

表 4-1 陕北能源化工基地水源地资源量　　　　　　（单位：万 m³/d）

流域	水源地名称	可采资源量	现状利用量	可利用潜力	地下水类型
府谷黄河段	墙头-黄甫川	0.50	0.00	0.50	岩溶水
	清水川	2.40	0.00	2.40	岩溶水
	浪湾	15.00	0.14	14.86	岩溶水
	天桥	42.00	1.50	41.10	河谷第四系水
	孤山川	10.30	2.88	7.42	河谷第四系水
	阴塔	9.80	1.10	8.70	河谷第四系水
	碛塄	5.00	0.18	4.82	河谷第四系水
窟野河	悖牛川	2.21	1.29	0.92	侏罗系水
	大柳塔	2.30	1.14	1.16	萨拉乌苏组水
	孙家岔	2.42	0.64	1.78	侏罗系水
	考考乌素沟	0.56	0.56	0.00	侏罗系水
	柠条塔	1.50	0.00	1.50	萨拉乌苏组水
	麻麻塔	2.40	0.56	1.84	萨拉乌苏组水
	常家沟	1.10	0.00	1.10	侏罗系水
无定河	白界	3.24	1.41	1.83	萨拉乌苏组水
	巴拉素	13.16	4.86	8.30	萨拉乌苏组水
	补浪河-红石桥	16.90	3.49	13.50	萨拉乌苏组水和白垩系水
秃尾河	沟岔	18.50	10.00	8.50	萨拉乌苏组水
	河则沟	1.57	0.00	1.57	萨拉乌苏组水
	沙母河沟	2.33	0.00	2.33	萨拉乌苏组水
	小保当	6.10	0.00	6.10	萨拉乌苏组水
	高家堡	3.35	0.00	3.35	萨拉乌苏组水
	大保当	7.44	0.53	6.91	萨拉乌苏组水
榆溪河	小壕兔	31.75	6.00	25.75	萨拉乌苏组水
	马合	14.19	6.89	7.30	萨拉乌苏组水
	金鸡滩	7.81	4.07	3.74	萨拉乌苏组水
	牛家梁	7.50	1.00	6.50	萨拉乌苏组水
	头道河则	2.62	2.01	0.61	萨拉乌苏组水
	水掌沟	0.37	0.35	0.02	侏罗系水
	色草湾	0.97	0.02	0.95	侏罗系水
	芹河	9.78	3.60	6.18	萨拉乌苏组水
	沙河	1.20	0.33	0.87	萨拉乌苏组水
	赵家湾	0.40	0.04	0.36	萨拉乌苏组水

Google Earth 能够提供实时的地面信息底图，GIS 软件具有方便的地图制图工具，两者相结合，可以制作出美观、符合制图规范的保护区划分图，从而保证了精确的水井位置、准确的保护区范围和可操作的保护区标识。

4.2.3 水源地环境敏感带区划

近年来，饮用水水源地保护区内污染源增加，建成区面积不断扩大，使得建成区与水源地间的缓冲带越来越窄，各类污染物直接或间接流入水体，造成水体污染。控制敏感带内的人类活动行为和范围，对饮水安全具有重要作用。利用"3S"技术，实地测量调查，划定水源地环境敏感带，构建水源地环境敏感带的划分方法，确定重点监管区，促进城市建设发展（王越兴等，2013）。

利用 GIS 技术划分水源地环境敏感带，通过格网确定各格网单元的敏感指数及相应指标值，将其归一化，根据权重，获得各格网的风险度。结合实地勘察情况，将风险度达到一定范围的区域划分为水源敏感带。详细过程阐述如下。

1. 指标体系选取

根据水源地特征和计量地理学方法，选择合适的分析法构建指标体系。例如，选择层次分析法，根据研究目的和构建原则，选择合理的一级指标和相关的二级指标，确定五个一级指标为区域规划特征、环境风险源特征、区域现状特征、污染源迁移特征和生态环境状况。

2. 格网划分

格网 GIS 是一种常见的以信息格网为对象的地图类型，在划分区域内，按照平面坐标或地球经纬线划分网格。将一个网格视为一个基本单元，描述或表达其相关属性。通过统计分级、变化参数和模拟，达到在二维空间上实时动态地表现研究区的时空变化规律。依据水源区周边环境条件及特点，按照一定尺寸划分标志网格，以网格为研究单元，在 GIS 平台之上，计算各网格相关指标值和敏感指数。

3. 指标因子计算

主要指标因子计算方法如下。

（1）生态环境状况指数。通过对水源地的实地调查，获得样本信息，解译遥感影像，根据实地调查信息修改解译结果，目的是能够获得准确的水源地土地利用现状图，将各地类的面积带入生态环境指标计算公式，得到各网格的生态环境状况指数。

（2）企业污染指数。对水源地保护区内的污染物进行普查，并将所获资料整理为电子数据，将保护区内的污染源（企业）位置及相关数值，转换格式导入 GIS 软件，通过 GIS 软件获得各网格的企业污染指数。

（3）生活污染指数。通过调查及数据资料查阅，获得水源地各社区的人口数量，利用 GIS 软件的制图工具，生成水源地人口分布密度图，结合已获取的污染源普查的人均排污系数和生活污染指数计算公式，通过 GIS 软件工具，得到各网格的生活污染指数。

（4）非点源污染指数。通过已获得的水源地土地利用现状图，提取各用地类型面积；对应于各网格中，根据非点源污染相应的单位污染负荷，将其平均到各网格内，计算得到各网格的总污染物负荷，即非点源污染指数。

（5）污染物陆域迁移指数。根据地形数据，利用 GIS 软件，确定各网格的中心位置及其高程，带入距离指数计算公式，得到各网格的污染物陆域迁移指数。

（6）污染物库区迁移指数。在 GIS 软件中，利用已获取的网格中心位置图层，根据位置与取水口距离，计算得到各网格的污染物库区迁移指数。

规划非点源污染指数、风险度指数等指标，都是将各风险点位置及其指数输入 GIS 软件中，通过计算，即可得到各网格的风险度指数。

4. 敏感指数计算及重点监管区划分

在 GIS 软件中，将所获得的各项指标值计算结果进行归一化处理，赋予对应的权重，根据其权重计算得到相关数值，最终获得各网格的风险度。结合实地勘察，将风险度在一定范围的区域划定为水源地敏感带，即重点监管区，并将其勾勒出来，成图（白云飞等，2013）。

4.2.4　饮用水水源地生态环境评价

以遥感与 GIS 为技术支撑，调查水源地地表状况，提取生态环境影响因子，建立生态环境综合模型，分析水源地污染情况，能为饮用水水源地安全达标评估工作提供科学依据，对加强饮用水水源地的保护、规划和监督管理及保障饮水安全等具有重要意义（姜鑫等，2005）。

基于 GIS 和 RS 技术的饮用水水源地生态环境评价的技术流程图如图 4-4 所示。

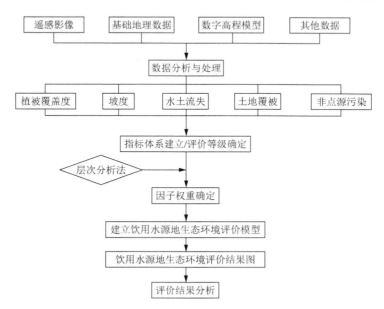

图 4-4　饮用水水源地生态环境评价技术流程图（修改自姜鑫等，2005）

首先，对遥感影像进行预处理，包括大气定标、辐射纠正、几何纠正、图像融合、图像镶嵌和图像裁剪等。对处理后的遥感影像进行解译，获取水源地的土地利用类型；

在 GIS 软件中对各种土地利用类型进行分析，得到土地覆盖/土地利用现状信息，统计各类土地利用类型所占的面积百分比。

其次，在 GIS 软件中由 DEM 生成坡度图；分别将坡度数据与旱地、草地和水田等土地利用类型数据进行叠加运算，获得不同坡度等级下的旱地、草地和水田等土地利用类型分布地图。

然后，利用归一化植被指数（normalized differential vegetation index, NDVI）近似估算植被覆盖度，计算公式为

$$NDVI = (NIR - R) / (NIR + R) \tag{4-1}$$

式中，NIR 为近红外波段；R 为红波段。

根据像元二分模型，一个像元的 NDVI 值可分解为 $NDVI_{veg}$（绿色植被部分所贡献的信息）和 $NDVI_{soil}$（无植被覆盖部分所贡献的信息）两部分，因此植被覆盖度 F_C 可表示为

$$F_C = (NDVI - NDVI_{soil}) / (NDVI_{veg} - NDVI_{soil}) \tag{4-2}$$

式中，$NDVI_{soil}$ 为完全是裸土或无植被覆盖区域的 NDVI 值；$NDVI_{veg}$ 则代表完全被植被所覆盖的像元的 NDVI 值，即纯植被像元的 NDVI 值。

最后，将土地利用图转换为栅格；根据土壤侵蚀强度分级要求，结合 NDVI 与植被覆盖度栅格图，对坡度、植被覆盖进行综合评价，划分水土流失强度等级，得到水土流失强度分布图，从而对饮用水水源地生态环境进行综合评价。

4.3　水源地水质监测与评价地理信息系统开发

4.3.1　系统关键技术

1. WebGIS 相关技术

WebGIS 技术是集合地理信息系统和互联网技术于一体的新兴技术，采用 HTTP 或 TCP/IP 通信协议，在空间框架下实现空间数据与属性数据的动态交换，扩展了地理空间数据的共享范围。WebGIS 涉及的关键技术有富互联网应用程序（rich internet applications, RIA）、Flex 和 Web Service（孙丰垒等，2012）。RIA 是基于 B/S 技术的企业级应用程序客户端的最新技术（蒋海琴等，2002）。Flex 是面向对象程序设计语言构建 Web 应用程序的高效开源框架（图 4-5）。Web Service 以 Flex 技术构建 RIA 客户端，实现应用程序与服务器端的数据通信（聂晓霞，2008）。Web Service 的工作流程如图 4-6 所示。

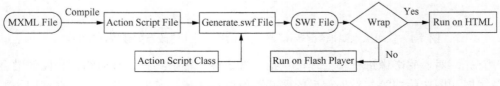

图 4-5　FLEX 工作流程图

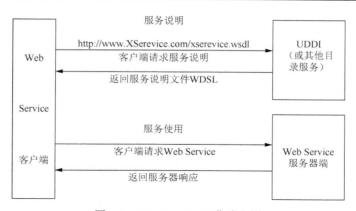

图 4-6　Web Service 工作流程图

2. 水质评价方法

水质评价方法可分为单因子评价法和水质综合指数法。单因子评价法是操作最为简单且使用比较广泛的一种水质综合评价方法，通常用最差的水质类别作为水质综合评价的结果。水质综合指数法是在求出单一因子水质指数的基础上，经过数学运算得到水质的综合性指数，利用该综合指数对水质进行分类的方法（胡成等，2011）。评价标准如表 4-2 所示。

表 4-2　水质综合指数评价标准

水质综合指数	$1.0 \leqslant S \leqslant 2.0$	$2.0 < S \leqslant 3.0$	$3.0 < S \leqslant 4.0$	$4.0 < S \leqslant 5.0$	$5.0 < S \leqslant 6.0$	$S > 6.0$
综合水质级别	I 类水质	II 类水质	III 类水质	IV 类水质	V 类水质	劣 VI 类水质

4.3.2　系统总体结构

水源地水质监测与评价系统采用 B/S 模式，逻辑上分为数据层、业务层和用户层三个层次（孙钰等，2014），如图 4-7 所示。

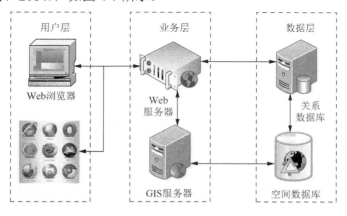

图 4-7　系统总体结构

用户层为表示层，利用 Flex 技术开发系统客户端，利用 Flash 呈现用户界面，客户端只需安装 Adobe Flash Player 插件的浏览器，就能实现跨操作系统、跨客户端的相关部署。由 Flex 创建的 RIA 是基于异步客户端-服务器的富客户端程序。RIA 应用程序只需一次下载就可完成相应的工作，从而缩短了用户等待时间，提高了响应速度，无需刷新页面。Flex 提供更为丰富的空间数据的可视化组件，为用户呈现一个丰富的、高交互性的可视化界面，以图文一体化方式显示空间和属性信息。

业务层为表现层和数据层之间的桥梁，实现了 GIS 服务与 Web 服务的应用逻辑。Web 服务器接受 Web 浏览器提交的服务请求，选择处理请求内容的方式。非 GIS 操作请求以 Web 服务器的 WebService 服务形式直接与数据层进行通信；GIS 操作请求由 Web 服务器通过特定接口将任务提交给 GIS 服务器进行处理。系统的 GIS 服务器选用 ArcGIS Service，使用 ArcGIS API for Flex 访问其发布的各种 GIS 服务，实现地图浏览、空间查询、空间分析和地图渲染等功能。

数据层存储和管理所有空间数据和属性数据，采用空间数据引擎 ArcSDE 作为空间数据库与关系数据库之间的 GIS 通道。水质监测与评价数据存储在关系数据库中，为业务逻辑实现提供数据支持。空间数据库通过数据分层存储水系、水源地、行政区划和监测站等地理空间实体数据，数据分层情况见表 4-3。

表 4-3　空间数据分层（孙钰等，2014）

图层	数据类型	图层属性字段
水系	线	水系编号、名称
水源地	面	水源地编号、名称、类型，所属水系编号，供水城市编号，日均供水量
行政区划	面	行政区划编号、名称，行政区面积，人口数量
监测点	点	检测站编号、名称，所属地编号，X坐标、Y坐标

4.3.3　系统功能设计

系统功能设计包括以下几个方面。

（1）地图服务。地图服务提供对地图的放大、缩小、漫游和全图等功能，以及行政区划、水源地和水质监测站等基础信息的双向查询功能。图查属性功能是通过选择水源地、行政区和监测站图层，鼠标点击其图层的要素，弹出 Tips 来展示该要素的空间位置、长度、面积、编码、名称和性质等信息。属性查图功能是通过属性的筛选对水源地、行政区和监测站的信息进行复合性查询，如在监测站图层中查询武汉市某供水水源地的所有监测站信息。

（2）水质监测。以监测站点为基本单位，监测各项水质评价指标，并通过各种表格、图形和地图等方式表达，提供实时数据和监测数据的横向查询和纵向查询。

（3）水质评价。可分别利用单因子评价模型和综合指数评价模型进行水质评价，按照《地表水环境质量标准》（GB 383—2002）和《地表水环境质量评价办法（试行）》（环办[2011]22 号文件）对水质进行等级划分，将评价结果存入数据库中（彭文启等，2005）。在 GIS 平台上用不同颜色对水质等级进行地图渲染，生成水质评价专题图。

（4）统计。对水质评价结果和监测指标进行统计，生成各种统计图表，能直观地反映水质时空变化情况。可以统计任意时间段内各行政区或者监测站点水质评价等级所占百分比，并以饼状图或数据表形式生成统计报表；可以统计任意时间段内监测站点某监测指标的最大值、最小值、平均值和超标天数等，并以柱状图或数据表形式生成统计报表。

　　以 WebGIS 为基础的饮用水水源地水质监测与评价系统利用 Flex 技术进行客户端开发，ArcGIS Server 10.0 提供地图服务，利用 ArcSDE 与 Qracle 11g 提供空间数据与属性数据的管理机制，实现以饮用水水源地为基础对象的水质监测数据管理，以地图、数据表和曲线图等直观地反映饮用水水源地水质指标的时空变化规律；利用单因子评价法和综合指数评价法评价饮用水水源地的水质，输出水质评价专题图和各类统计报表，为饮水安全提供技术支撑。

第 5 章　饮用地表水地理信息系统

本章围绕饮用地表水地理信息系统，探讨基于格网地理信息系统的饮用地表水质量评价、地理信息系统与 WASP5 水质模型的集成、基于地理信息系统的饮用地表水环境影响评价和饮用地表水环境功能区划及饮用地表水监测地理信息系统的开发与设计。

5.1　基于格网 GIS 的饮用地表水质量评价

GIS 作为一种采集、处理、管理、存储、检索、显示和分析空间数据的计算机技术，已成为地表水质量评价定量化和可视化的重要技术手段（周兴全等，2016）。刘秀云（2000）在搜集辽宁省地表水（水库、河流和近岸海域）污染信息的基础上，基于 PCI 和 MAPGIS 平台对图形库和属性库进行编辑，实现地表水污染与治理信息的动态化管理。

以格网 GIS 为支撑，系统测量饮用地表水的主要污染指标，改善了笼统繁琐的数字化数据方式，为饮用地表水质量评价提供了新思路。在划分网格时，首先根据《地理格网》标准确定格网网格的大小，对各网格进行编码，建立空间数据库。然后选择各网格中具有代表性的水域，测量水质的主要指标（如重金属和富营养元素）含量，并将测得结果依据一定的规则分解到各网格中，输入数据库。在此基础上，对各网格属性数据进行空间分析（钱胜等，2009）。

5.1.1　基于网格 GIS 的样品采集

第一，根据研究区的土地利用类型进行功能分区，如居住区、工业区、商业区、交通繁华区和农业区（Galway et al.，2012）。不同功能区污染物的种类、数量和迁移转化方式差异较大。第二，按一定比例对研究区进行网格概化，在每个网格内调查或测量水体功能类别、土地利用类型、土地利用强度、建筑密度、人口和不透水地面比例等。第三，根据研究区的地面坡度、降水强度和降水量等自然地理特征和地表堆积物状况，将每个网格作为一个非点源污染源，选择适当模型估算每个"污染源"的污染负荷。第四，对研究区水系进行河网概化，选择适当控制因子（如 BOD_5、COD），确定各河段的水质控制目标，调查分析各河段的点源污染源，计算各河段特征污染物的负荷量。第五，确定各控制断面的水环境容量，计算总的允排量或削减量。第六，建立河段与网格之间的对应响应关系，将最优的排放量或者削减量分配到每个网格。第七，为每个网格和每个功能区提出地表堆积物和非点源污染的控制目标，寻求容量总量控制和目标总量控制的有机结合。第八，选择一种 GIS 软件，构建空间数据库，输入上述各种空间数据和属性数据。

做好各种准备工作后，在每个格网内选择具有代表性的水域进行采样（图 5-1）。采样前先清除水面的垃圾和杂物。不同的水样指标应用不同的容器进行采集，采样位置在采样断面的中心，必要时使用 GPS 定位。容器的取样位置通常为桶身的 2/3 处，取样量为 200mL。采样点选在表层下 1/4 深度处；否则，在水深的 1/2 处采样。如果用样品容器直接采样，必须用水样冲洗一次后再行采样；如果水面有浮油，采油的容器不能冲洗。采样时不可搅动水底部的沉积物。

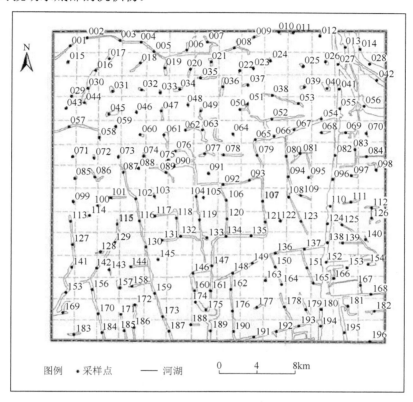

图 5-1　地表水采样点分布图

5.1.2　饮用地表水质量因子空间格局分析

以 2008 年扬州城区水域的水质测定为例（表 5-1）。扬州城市水污染主要来自工业排放的未达标废水和居民生活污水。在 5 个代表性水域中，氨态氮、硝态氮、Cd 和 Cu 的含量未超标，COD、Pb、Zn 和磷酸盐的含量都有不同程度的超标。生活污水中的 N、P 含量一般较高，其中瘦西湖和古运河 P 的含量分别超过标准值的 3.11 倍和 2.81 倍。大部分地区的重金属 Pb 和 Zn 含量都超标，其中京杭运河和槐泗河的 Zn 含量分别超标 4.16 倍和 6.95 倍，古运河的 Pb 含量超标 13.09 倍。京杭运河和槐泗河的 Zn 含量严重超标，可能与此处农田大量喷洒 Zn 农药有关；古运河的 Pb 含量超标可能与汽车尾气排放以及附近发电厂没有完全处理含有 Pb 的燃煤有关。

表 5-1 2008 年扬州城区代表性水域水质指标测定值（钱胜等，2009）[浓度(mg/L)/超标倍数]

代表性水域及编号	京杭运河YZ014	古运河YZ082	瘦西湖YZ062	荷花池YZ133	槐泗河YZ005
$NO_3\text{-}N$	0.49/0.25	0.88/0.44	0.05/0.03	0.61/0.30	0.12/0.06
$NH_3\text{-}N$	0.28/0.14	0.06/0.03	0.05/0.03	0.75/0.38	0.09/0.05
$PO_4\text{-}P$	0.08/0.20	0.73/2.81	1.22/3.11	0.14/0.35	0.03/0.08
COD	3.36/2.58	29.12/0.72	70.52/1.71	49.92/1.25	82.56/2.07
Cd	0.001/0.10	0.003/0.30	0.000/0.00	0.000/0.00	0.000/0.00
Cu	0.061/0.06	0.145/0.06	0.011/0.01	0.003/0.003	0.065/0.07
Pb	0.09/0.90	1.309/13.09	0.083/0.83	0.074/0.74	0.038/0.38
Zn	8.323/4.16	2.334/4.16	1.521/0.71	5.986/2.99	13.893/6.95

对表5-1中的饮用地表水水质采样指标在GIS平台上进行空间插值，便得到每个指标污染程度的空间分布图。以2008年1月扬州市硝态氮的空间分布为例，利用MapInfo进行空间插值（图5-2）。

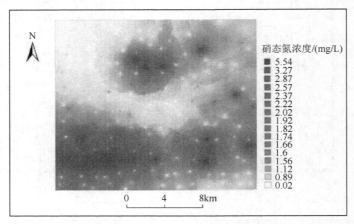

图 5-2 2008 年 1 月扬州市地表水硝态氮空间分布图（修改自钱胜等，2009）

图 5-2 中的南部黑色区域为农村地区，中北部的黑色区域为城区南端，可以看出，城区南端和农村地区的水体硝态氮含量较高。这主要是农村大量施用氮肥、农民生活垃圾堆积、水产养殖和水体植物没有及时清理而腐烂等原因所致。

5.1.3 饮用地表水质量现状风险评价

1. 水体重金属地累积指数

地累积指数（index of geo-accumulation）用于研究沉积物及其他物质中重金属污染程度的定量指标，其表达式为

$$I_{geo} = \log_2[C_s^i/(K \times C_n^i)] \tag{5-1}$$

式中，C_s^i 为元素 n 在沉积物中的含量；C_n^i 为元素 n 的地球化学背景值；K 为考虑各地岩石差异可能会引起背景值的变动而取的系数（本研究取值为 1.5），表征岩石地质、沉积特征及其他相关联的影响（周怀东等，2004）。

地累积指数的评价标准如表 5-2 所示。

表 5-2　地累积指数（I_{geo}）分级标准（钱胜等，2009）

项目	$I_{geo} \leq 0$	$0 < I_{geo} \leq 1$	$1 < I_{geo} \leq 2$	$2 < I_{geo} \leq 3$	$3 < I_{geo} \leq 4$	$4 < I_{geo} \leq 5$	$5 < I_{geo} \leq 10$
分级	0	1	2	3	4	5	6
程度	无污染	轻—中等污染	中等污染	中—强污染	强污染	强—极严重污染	极严重污染

利用地累积指数计算公式和分级标准评价扬州市水体重金属污染程度并进行分级（表 5-3）。水体重金属元素地累积指数平均值大致为 Cd > Pb > Zn > Cu，根据地累积指数的评价标准，Cd 为轻度或中度污染；Pb 在 YZ069、YZ113 网格内为中度污染，在其他地方无污染；Zn 在 YZ023 网格内为中等污染，在其他地方无污染；Cu 无污染。从采样点位置看，Cd 的地累积指数较高，是因为周围为工厂河源，Cd 主要源于工业排污废水。

表 5-3　扬州市水体重金属地累积指数（钱胜等，2009）

采样点	Cd	Cu	Pb	Zn	采样点	Cd	Cu	Pb	Zn
YZ005	1.21	−0.91	−0.82	−0.81	YZ121	1.24	−0.91	−0.33	−0.78
YZ023	1.34	−0.38	−1.13	1.39	YZ136	1.36	−0.79	−0.41	−0.89
YZ038	1.12	−0.08	−1.23	−0.53	YZ143	1.62	−0.35	−0.57	−0.65
YZ051	1.39	−0.71	−0.91	−0.71	YZ159	0.93	−0.45	−0.66	−0.76
YZ069	1.29	−0.98	1.17	−0.88	YZ163	0.88	−0.39	−0.84	−0.98
YZ081	1.01	−1.21	−1.31	−0.51	YZ172	1.32	−0.81	−0.91	−0.79
YZ092	1.43	−1.01	−0.89	−0.76	YZ188	1.29	−0.74	−0.72	−1.73
YZ101	0.87	−1.09	−0.79	−0.81	YZ195	1.56	−0.90	−0.69	−1.45
YZ113	0.71	−0.78	1.38	−0.55	平均值	1.21	−0.73	−0.56	−0.72

2. 生态危害指数评价

生态危害指数主要评价水体重金属污染及其潜在生态危害的程度，与水体中重金属污染物的浓度、污染物的种类数量、水质系统和生物毒性响应条件密切相关。

$$C = \sum_{i=1}^{n} C_i = \sum_{i=1}^{n} C_{i1} / C_{i2} \tag{5-2}$$

式中，C 为水体生态危害指数；C_i 为第 i 种重金属污染系数 $i = 1, 2, \cdots, n$；C_{i1} 为水体中重金属浓度的实测值；C_{i2} 为参照值。

扬州市不同采样点生态危害指数及风险等级如表 5-4 所示。生态危害指数评价的扬州市水体重金属总体趋势与地累积指数的评价结果基本一致。采样点 YZ023、YZ038、YZ069、YZ172 和 YZ188 的水体受到不同程度污染，其中 YZ023 和 YZ163 有 2 个发电厂，对该地区的污染贡献率较大。Cd 元素在各地区的生态风险中占有绝对优势。因此，应加强对工矿企业重金属排放的监控，逐步恢复和改善己受污染的水体。

表 5-4　不同采样点生态危害指数及风险等级（钱胜等，2009）

采样点	Cd	Cu	Pb	Zn	C	等级	采样点	Cd	Cu	Pb	Zn	C	等级
YZ005	34.51	7.31	8.41	1.51	13.11	低	YZ121	116.51	4.51	8.10	2.01	14.71	低
YZ023	144.23	6.44	9.45	0.94	15.76	中	YZ136	95.64	3.45	4.45	1.13	13.28	低
YZ038	123.45	5.11	14.11	3.41	15.03	中	YZ143	108.45	3.12	7.41	2.34	14.01	低
YZ051	114.15	5.61	8.51	2.35	14.62	低	YZ159	117.65	2.31	4.56	1.54	14.19	低
YZ069	145.10	7.51	9.35	1.41	15.89	中	YZ163	91.34	4.51	6.73	1.26	13.23	低
YZ081	87.44	5.83	7.52	2.11	13.14	低	YZ172	141.41	4.55	4.51	2.51	15.34	中
YZ092	98.45	3.11	3.64	0.84	13.34	低	YZ188	127.86	2.34	5.61	2.87	15.01	中
YZ101	67.54	3.81	3.44	0.99	12.13	低	YZ195	109.49	3.65	3.41	0.89	12.65	低
YZ113	81.43	2.44	4.51	1.45	12.87	低							

5.2　GIS 与地表水水质模型 WASP5 的集成

WASP5 是由美国国家环境保护局暴露评价模型中心开发和维护的最新版本的 WASP 模型系统之一。该模型在数据管理与维护、空间分析和模拟结果可视化方面的功能有所欠缺。因此，将 GIS 引入该模型，可以提高水质模型的模拟和预测能力。以密云水库水质模拟为例，建立基于 GIS 的水库水质模拟集成模型系统，用 WASP5 模型模拟密云水库水质的时空变化，实现 GIS 与 WASP5 的功能集成。

5.2.1　WASP5 水质模型

WASP5 模型用于动态模拟河流、湖泊、池塘、水库、河口和沿海水域污染物一维、二维和三维的运移和转化，在 BOD、DO 动力学、营养物/富营养化和有毒化学成分运移等方面得到广泛的应用（贾海峰等，2001）。

WASP5 模型需要精细描述水下地形等三维空间的特征。利用 WASP5 模拟水体的水质特征，要将实际水体概化为一系列相互关联的分区，并计算出每个分区的水体体积、分区间剖面面积和相邻分区间的特征距离等。利用 WASP5 模拟水体的水动力学特征，将水体概化为一系列相互连接的水体结点和渠道，并计算出水体结点的水底高程、水面面积和水面面积随水头变化的变化率，以及每个渠道的长度、宽度、水力半径或渠道深度、渠道方向和每个渠道的宽度随水头变化的变化率等。如果将 GIS 的空间分析和空间建模功能引入 WASP5 模型，可以准确、便捷地获取这些空间数据，对模拟结果进行可视化表达，提高模型模拟的精度。

5.2.2　GIS 数据库的建立

GIS 数据库包括空间数据库和属性数据库两部分，空间数据库存储与坐标相关的空间数据，属性数据库存储各个地理事物或现象的属性数据。

收集基本图件和数据，包括 1∶50000 的密云水库库区地形图、1∶200000 的流域地形图、1∶5000 的密云区地图、气象数据、密云水库的水位数据和水质监测数据、入流和出流的流量数据、网箱养鱼负荷数据及支流和非点源负荷数据等。

利用 Arc/Info 对水库库区地形图和密云县地图进行数字化，将其他格式的图件转换为 Arc/Info 的 shp 格式。收集的属性数据格式主要有 dBASE 的*.dbf 格式、Lotus123 的*.wk3 格式和 Excel 的*.xls 格式。分别对这些数据进行预处理，并输入到 GIS 数据库。

为了获取 WASP5 模型所需的关键数据，在 GIS 软件中对已经数字化的水库库区电子地形图进行空间概化，利用 Arc/Info 的 TIN 模块构建密云水库库区的 DEM 模型。利用 Arc/Info 的 Coverage 计算水库每个分区多边形的表面积，利用生成的 DEM 模型计算该分区的库底面积。为了计算分区间的流量和营养物质运移数量，利用 GIS 中的 PROFILE 命令和每个特定分区的边界弧长计算相邻分区间的垂直剖面面积。利用 Arc/Info 的 SLOPE 工具生成每个水库分区的库底平均坡度。利用 DEM 模型和 VOLUME 命令计算整个水库及其分区的体积。然后基于每个分区的体积和面积计算分区的平均水深。利用

GIS 中相关的插值工具或 ARC 中的 TINSPOT 命令对取样点数据进行空间插值。

5.2.3　WASP5 与 GIS 的集成

1. GIS 与模型集成的形式

按照集成的紧密程度，GIS 与模型之间的集成可分为三种形式：外联式集成、紧密内嵌式集成和半紧密内嵌式集成。

（1）外联式集成。外联式集成的各部分通过输入/输出文件等外部接口进行联结，通过文件交换机制实现各个部件之间的数据交换。外联式集成虽然比较容易实现，但是一种松散的集成，效率低，不能保证数据结构和用户界面的一致性，不能灵活地修改和开发模型，仿真交互性不强。

（2）紧密内嵌式集成。紧密内嵌式集成需要花费较多人力、物力和财力，专业软件开发人员与领域专家进行合作，能够在无缝、实时、友好的环境中实现地理模拟和仿真结果可视化，可以分析关键时空因子，修改底层仿真模型，干预或中断决策过程。但其软件开发工作量大，非一般用户所能完成。

（3）半紧密内嵌式集成。各个系统软件的核心模块不变，只是有一个统一的用户界面，通过宏语言或其他编程语言设计各个部分之间的接口程序。半紧密内嵌式集成方式使用比较方便，工作效率高，不需要太多的软件开发工作，但模型修改和仿真事件交互的灵活性不够。本节拟采用半紧密内嵌式集成方式（图 5-3）。

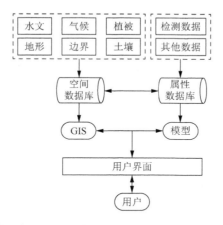

图 5-3　GIS 与模型的半紧密内嵌式集成示意图（修改自贾海峰等，2001）

2. WASP5 和 Arc/Info 之间的输入/输出转换

可以将 Arc/Info 格式的数据转换为 WASP5 模拟模型所需要的文件格式（图 5-4）。

在 Arc/Info 中将分区、分界或取样点图层数据转成 ASCII 文本文件。将 WASP5 需要的与空间无关的函数参数、模拟控制选项等数据合并到从 Arc/Info 转出的 ASCII 数据文件，并对 ASCII 数据文件进行重新排列，以满足 WASP5 要求的输入格式。

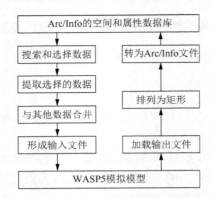

图 5-4　Arc/Info 与 WASP5 之间的数据流（修改自贾海峰等，2001）

WASP5 输出文件是 ASCII 文本格式。为了把提取水质变量数据作为一个单独的文件，首先重新编排数据矩阵文件，以模拟变量为列，分区多边形为行，按照时间顺序进行排列。然后将该矩阵文件转换为 GIS 数据库中的 INFO 文件。用户在 GIS 平台上选择数据库中特定变量和特定时间的数据，与特定的 Coverage 进行关联，实现空间分析和可视化表达。

3. WASP5 与 GIS 间的功能集成

在该集成系统中，WASP5 主要模拟水质的动态变化，GIS 主要管理和分析 WASP5 所需的各种空间和属性数据，并在模拟前和模拟后，辅助模拟的分析和设计。例如，在用 WASP5 模拟之前，GIS 系统可以对水库水深、水体污染物浓度、上游和支流的入流流量、取样点分布及污染负荷位置等进行空间分析，为进行水平和纵向的网格设计和模拟设计提供有用的参考；在水质模拟结束后，可用 GIS 实现 WASP5 模拟结果的可视化。

4. 集成系统的应用

分别将密云水库 1996 年和 1997 年的实测数据输入该集成模型系统，以进行参数率定和结果验证。结果表明，在白河主坝前，水质模型中溶解氧的中值误差为 7.8%，水动力学模型的中值误差为 1.29%。因此，该集成系统可有效地模拟饮用地表水的水质。

然后利用该模型模拟分析了密云水库的碳生化需氧量、氨氮、硝酸盐氮、溶解氧、叶绿素 a、无机磷、有机磷、有机氮的空间分布状况以及低水位运行和取消网箱养鱼等水质管理情景。

以密云水库为研究对象，集成 GIS 和水质模型 WASP5 模型，使它们优势互补，增强了模型的空间模拟功能，为饮用地表水水质的管理提供决策支持。

5.3　基于 GIS 的饮用地表水环境影响评价

水环境影响评价中涉及的原始数据、预测数据和评价结果都不可避免地与地理区域的空间位置联系密切，GIS 可以很好地解决水环境影响评价中的空间分析问题。在水体环境监测的基础上，应用 GIS 软件建立监测点的空间数据库，进行水域数字化，利用其空间分析功能进行水质的环境评价，绘制出不同的水质空间分布图（荆平，2006）。

5.3.1　GIS 在地表水环境影响评价中的应用

利用 GIS 综合评价饮用地表水环境的影响，可以利用大量的空间数据和属性数据生成评价区域内各种环境评价结果专题图，形象直观地显示饮用地表水环境污染物的数量、空间分布和环境影响。

饮用地表水环境影响评价涉及大量的区域自然环境数据、社会经济环境数据、工程项目规划数据和污染物排放数据。将这些数据存入关系数据库中，在 GIS 平台上与评价区域的地理位置进行关联，便于随时对这些数据进行动态分析和评价，实现评价结果的二维和三维空间显示，并以数据库、图形和图表等方式进行保存和打印，自动生成评价结果专题图（王少平等，2004）。基于 GIS 的饮用地表水环境影响评价可以通过选择一个点、一个区域或者输入一定的查询条件（如污染物浓度大于某一特定值），快速查询地理位置数据、污染源排放数据、区域人口数据、影响预测数据和评价结果数据等，并在电子地图上加以显示。建立基于 WebGIS 的饮用地表水环境影响综合评价系统，可以让不同地域和不同专业的公众参与到环境影响评价中，对开发项目和环境影响评价结果提出意见和建议。

5.3.2　基于 GIS 的饮用地表水环境影响评价过程

将环境预测模型融入 GIS 软件中，可以增强环境影响预测的能力；利用 GIS 的空间分析功能，可以有效地评价区域环境影响。

首先，依据评价范围，采用数字化仪、扫描图像等方式在原始电子地图上绘制或编辑行政边界、河流、湖泊、工厂、居民点和主要污染物等图层。其次，饮用地表水环境影响评价中涉及的自然、社会、经济和环境等属性数据直接输入各个图层的属性表，或者通过图层的特定字段（空间索引字段）与属性数据表关联。然后，利用空间插值方法生成饮用地表水环境影响评价指标的空间等值线，分析各指标的空间分布状况，利用彩色分级或灰度级方法，生成单因子空间分布图和各级别的环境质量等级图，计算不同级别的环境质量范围的面积大小和影响程度。最后，通过对各个图层进行叠加分析的方法获得多指标的综合空间分布规律。

5.3.3　实例仿真

在进行饮用地表水环境影响评价时，可利用 GIS 将现状数据或预测数据与地理位置相关联，实现环境质量的空间分析、空间评价和空间决策。

1. 空间数据库建立

根据某水域 10 个监测点的 BOD_5 和 COD_{Mn} 监测数据（表 5-5），利用 ArcGIS 软件建立空间数据库，矢量化研究区的河流、湖泊边界和 10 个监测点（图 5-5）。

表5-5　监测点 BOD$_5$ 和 COD$_{Mn}$ 浓度（荆平，2006）　　　　　（单位：mg/L）

监测点	1	2	3	4	5	6	7	8	9	10
BOD$_5$	2.15	3.21	3.16	2.43	2.56	3.41	1.98	1.92	2.12	3.62
COD$_{Mn}$	14.22	15.53	16.23	15.12	16.24	17.53	14.82	14.49	15.42	16.74

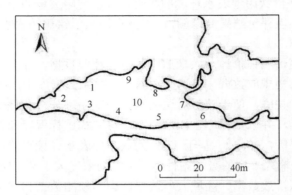

图5-5　监测点的监测数据及空间编码（修改自荆平，2006）

2. 监测点等值线生成

在 GIS 软件中利用已有监测点的监测数据 BOD$_5$ 和 COD$_{Mn}$，进行空间插值分析，得到这两个评价参数的空间等值线分布图，等值线的间距设置为 0.5mg/L（图5-6）。图5-6 揭示了污染参数的空间分布规律，有利于优选决策方案，以便制订有效的污染物防治措施。

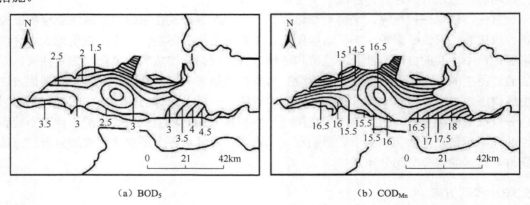

（a）BOD$_5$　　　　　　　　　　　　　（b）COD$_{Mn}$

图5-6　评价参数 BOD$_5$ 和 COD$_{Mn}$ 的空间等值线分布图（单位：mg/L）（修改自荆平，2006）

3. 环境质量评价

利用 ArcGIS 软件制作单因子评价指标空间分布图，不同的数值范围用不同的灰度级表示，便可得到评价因子等级分布图（图5-7）。利用综合评价模型计算环境综合评价指数，然后将地理位置与不同监测点的指数值进行关联，制作综合评价指数空间分布图。

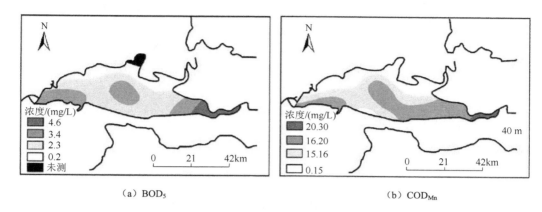

（a）BOD$_5$　　　　　　　　　　（b）COD$_{Mn}$

图 5-7　BOD$_5$ 和 COD$_{Mn}$ 环境质量评价图（修改自荆平，2006）

利用 GIS 的空间量算功能测算不同评价等级的面积和某污染等级的边线距环境敏感点的距离，以便及时采取措施，防止环境污染事故的发生。基于 GIS 的饮用地表水环境影响评价可以分析各种图形数据和环境信息数据，实现了评价结果的数字化和可视化表达，丰富了环境影响评价的方法论体系。

5.4　基于 GIS 的饮用地表水环境功能区划

随着产业结构、城市规划、污染源分布、河道修复改造、地表水环境状况和排污状况的不断变化，现有的饮用地表水环境功能区划已不能满足环境管理和社会经济发展的需要。因此，利用 GIS 和水环境区划技术导则，重新调整和划分饮用地表水的环境功能，实现饮用地表水资源的合理开发和利用（王俭等，2007）。

5.4.1　GIS 在水环境功能区划中的应用

以辽宁省的饮用地表水环境功能区划为研究对象。辽宁省的东部和西部主要是山地和丘陵，中部是辽河平原，主要水系有辽河水系、鸭绿江水系、大洋河和碧流河为主的辽东半岛沿海诸河及以大凌河为主的西部沿海诸河，水库有 97 座（大、中和小型水库分别为 28 座、60 座和 9 座）。

水环境功能区划以水生态保护、水环境改善、水环境管理和水资源永续利用为核心，需要遵循的原则包括可持续发展、因地制宜和合理利用水体环境容量、集中式生活饮用水源地优先保护、实用可行和便于管理、工业布局、排放标准和污染物总量控制相结合、河海统筹、上下游和左右岸协调一致以及适时调整原则（刘秀云，2000）。

数据来源于中国 1:25 万地形数据，包括辽宁省县级行政界线、流域界线、县市驻地、河流、铁路和公路等要素，利用中巴资源卫星遥感影像数据和辽宁省水环境质量数据更新空间数据库。利用 ArcGIS 软件对辽宁省地表水水系进行功能划分（源头水域、饮用水水源保护区、自然保护区、工农业用水区、渔业用水区和景观娱乐用水区等）。利用 ArcGIS 提供的元数据编辑器对辽宁省地表水环境的元数据进行编辑和整理。

采用 GIS 的二次开发模式开发辽宁省水环境功能区划信息系统，不仅能提高系统开发效率，而且使应用程序具有界面友好、可靠性高、功能强和易于维护等特点。以 Visual Basic 为系统开发工具，将 GIS 软件提供的对象链接与嵌入（object link and embedding，OLE）自定义控件 MapObject 直接嵌入 Visual Basic 编写的应用程序中，实现系统的各项功能。

5.4.2　水环境功能区划及系统开发

1. 水环境功能区划

辽宁省地表水环境功能区共划分了 781 个（表 5-6）。执行各类水质标准的水环境功能区占总数的百分比见图 5-8。通过比较地表水主要水系现状水质与水环境功能区划水质目标，能够确定地表水环境功能区现状水质基本达标与不达标的水系和河段。

表 5-6　辽宁省地表水环境功能区的划分

功能区	数量/个	功能区	数量/个	功能区	数量/个	功能区	数量/个
源头水域	15	饮用水源保护区	204	景观娱乐用水区	54	农业用水区	179
自然保护区	7	渔业用水区	287	工业用水区	35	总数	781

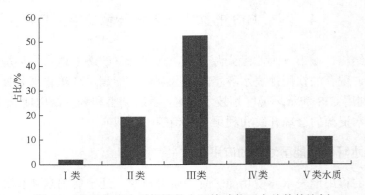

图 5-8　执行各类水质标准的水环境功能区占总数的比例

2. 辽宁省水环境功能区划信息系统

系统面向的对象是环境管理与决策人员，为环境保护部门提供水环境功能区划相关信息，为辽宁省水环境保护及水资源管理提供决策支持。

依据水环境功能区划信息管理和决策需求，运用 GIS 和数据库技术构建了水环境功能区划空间数据库和属性数据库，存储的信息主要有辽宁省各水系水环境功能区划、市政排污口、企业排污口、重点污染源、省控污染点、污水处理厂和相关法律法规等。然后基于准确性、全面性、现势性和易维护性原则，开发了辽宁省水环境功能区划信息系统，主要功能包括属性数据管理、图形数据维护、信息查询、空间分析、图形输出和图形转换等（图 5-9）。

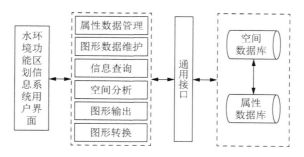

图 5-9　水环境功能区划信息系统结构和功能

　　图形数据维护功能包括添加、删除、修改和编辑图形对象，进行放大、缩小、漫游和图层控制等地图操作。属性数据管理功能主要包括各种属性信息的添加、删除、修改和更新等。信息查询功能主要进行空间和属性信息的简单查询、复合条件查询和交互式查询。空间分析功能主要实现图层的叠加分析、统计分析和缓冲区分析等。图形输出和转换功能主要创建等级符号图、单一值图和统计图等专题图，输出和打印地图，不同格式图形的转换等。

　　基于 GIS 的辽宁省地表水环境功能区划信息系统能高效管理、分析与查询水环境功能区划的空间和属性信息。为了更好地防治辽宁省地表水环境污染，应尽快根据水环境功能区划分结果布设监测断面，以保证按照水环境功能区开展水质监测、评价与考核。为了改善水环境质量，应实施排污许可证制度，控制污染物排放量，限期治理入河排污口的污染源。

5.5　饮用地表水监测地理信息系统的开发与设计

　　长期以来，饮用地表水环境监测的信息通过人工管理，存在效率低下、汇总评价困难和报表成果不易保存等问题（崔宝侠等，2002）。利用 GIS 采集、存储、分析、显示和处理空间数据的能力，为饮用地表水污染信息管理和污染治理决策提供了科学方法和现代化手段（吴静等，2013）。

5.5.1　系统目标

　　（1）管理多种数据类型。该系统需要的地图要素包括国界、省界、市界、县界、乡界、流域界、海岸线、河流、湖库、沼泽、污染源、监测截面、河段、治理工程、人口分布和土地利用等。利用 GIS 对空间数据和属性数据进行关联，以便进行空间分析和查询。

　　（2）面向多用户。该系统面向的用户有环境监测站各科室、环保局各下属科室，还要为省市政府制定经济发展计划提供决策参考。因此，建立数据共享机制，为多个用户提供服务。

　　（3）完善的功能。该系统能有效地维护和管理 GIS 的空间数据和属性数据，具有查询、检索、制图、统计、汇总和报表输出等功能。

5.5.2　系统构成及实现功能

饮用地表水监测地理信息系统构成如图 5-10 所示。

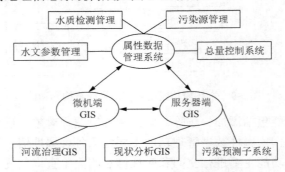

图 5-10　系统功能结构图（修改自崔宝侠等，2002）

1. 地理信息系统属性数据管理系统

该系统主要维护和管理 GIS 所需的属性数据，实现空间数据的查询、检索、统计、汇总、报表输出等功能，主要包括以下子系统。①水质监测管理系统：管理（数据录入、修改、查询、综合和报表输出）流域检测截面的监测数据。②污染源管理系统：管理和维护污染源数据，特别是重点污染企业的污染源。③水文数据管理系统：主要实现河流水文数据的查询、维护和输出等。④总量控制系统：对排放的污染物实施动态管理、检测和宏观调控，对排污超标的企业进行报警。

2. 微机端 GIS

微机端 GIS 能在地图上显示不同时期饮用地表水的水质空间分布特点和不同时期、不同监测截面、不同污染物的监测浓度值；查询流域内河流湖泊、人口分布、土地利用、行政区和重点污染源等属性特征；输出各种专题地图，并能在 Internet 发布专题地图。

3. 服务器端 GIS

服务器端 GIS 除了具有微机端 GIS 空间数据的显示、查询、处理、输出和 Internet 发布等功能外，还可以维护监测截面和污染源的图形数据，分析和综合饮用地表水的污染状况及其形成原因，进行各种图层数据的叠加分析，在已知污染物排放总量的情况下预测各监测截面的水质变化过程并推断可能的原因和影响。

5.5.3　系统设计与开发

系统运行模式采用 Client/Server 结构，数据库服务器主要进行数据处理和数据共享，客户机通过人机界面组织应用事务、提交服务请求，从而能有效利用客户机和服务器资源，减少网络通信负担，改善系统性能。主干网采用令牌环局域网光缆分布式数据接口标准（fiber distributed data interface, FDDI），各科室和其他单位通过集线器（HUB）或远程拨号与 FDDI 相连，网络协议采用 TCP/IP 协议。

　　数据库软件选用 SYBASE。利用 Arc/Info 产品的空间数据库引擎（spatial database engine, SDE）将空间数据存储在 SYBASE 中。构建空间数据库，以存储、查询、检索、分析空间数据和属性数据。开发工具选用 DEPHI5 编程语言，原因是 DELPHI5 是一种面向对象的图形界面应用开发环境，自带的关系数据库系统具有较强的数据管理功能，支持数据库的交互式 SQL（strutured query language，结构查询语言）查询功能，适用 Client/Server 数据库体系结构。采用面向对象的开发方法，利用 OLE 自动化技术将 Arc/Info 作为对象连接到 DELPHI 环境中，在 Arc/Info 的内部支持下实现对空间图形的查询、浏览等操作，利用河流编码和河流截面编码实现空间数据与属性数据的关联。

　　饮用地表水监测 GIS 的设计与开发为水污染信息管理和污染治理决策提供了翔实的空间数据服务，使水利、环境等管理者摆脱了繁重的手工操作，提高了工作的科学化、规范化水平，确保了资料的动态性、完备性和实效性。

第6章 饮用地下水地理信息系统

本章围绕饮用地下水地理信息系统，论述基于 GIS 和 FEFLOW 的地下水数值模拟，基于 GIS 的地下水水化学特征及空间规律、地下水脆弱性评价，神经网络与 GIS 耦合的地下水水质综合评价。

6.1 基于 GIS 和 FEFLOW 的地下水数值模拟

以地下水模拟软件 FEFLOW 和 GIS 为平台，建立可视化的三维地下水含水系统，模拟地下水水位和水质的动态变化，预测不同情景条件下地下水的变化趋势，为地下水可持续开发利用和优化管理提供科学依据（赵旭，2009）。

6.1.1 地下水位动态变化分析

1. 地下水监测井网状况

研究区为陕西省关中平原内的咸阳市。咸阳市有渭河及其一级支流泾河两大河流，属暖温带大陆性季风气候。该市的农用井水源主要来自浅层地下水，自备井和配套机电井的水源主要来自深层地下水。咸阳市可分为七个水文地质分区（图6-1）。

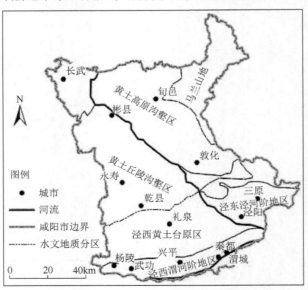

图 6-1 咸阳市水文地质分区

咸阳市底图均来源于星球地图出版社《中国分省系列地图集：陕西省地图集》，审图号：JS（2016）01-126 号咸阳市地下水监测井网以基本井网为主，统测井网为辅，并在地下水降落漏斗区布设了试验井网（图 6-2）。截至 2006 年底，全市共有水位监测井 134 个，其中普通井 129 个、重点井 5 个，普通井每五日监测一次、重点井每日监测一次；水质监测井 39 个，每年 9 月取样分析一次；水温监测井 7 个，每 10 天监测一次。

图 6-2　咸阳市地下水监测井分布图

2. 地下水总体流场

地下水流场反映了地下水纵向变化特征，有利于识别模型边界条件，是地下水数值模型的基础（汪新波，2013；周德亮等，2002）。利用 ArcGIS 软件绘制 2006 年咸阳市地下水位的等值线和流场（图 6-3）。咸阳市的地下水位为 361～1240m。地下水水流方向总体由北向南，北部为地下水流入边界、南部为流出边界。

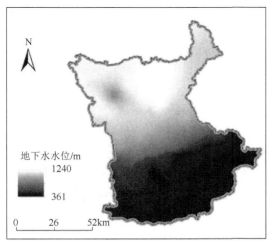

（a）地下水位

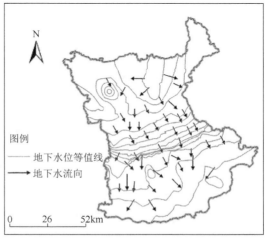

（b）流场

图 6-3　咸阳市 2006 年地下水位和流场（修改自赵旭，2009）

3. 地下水年内变化特征

利用 ArcGIS 软件绘制咸阳市 2002 年和 2006 年的地下水位变幅等值图（图 6-4）。北部地区年内地下水位变幅为 2～4m，泾西渭河阶地、泾东泾河阶地和泾东黄土台塬区的地下水位年内变幅为 4～12m，泾东黄土台塬区中心的年内水位变幅达 16～18m。每年的 3 月、4 月虽然降水量不多，但渠灌基本能保证作物需水，地下水开采量小，水位下降缓慢；6 月、7 月以后，作物需水量增加，渠灌不能满足作物生长需要，井灌开采量增大，水位下降速度增大，8 月、9 月达到最低水位；10 月以后，作物需水量减小，井灌开采量减少，地下水位开始上升。一般最高水位出现在年末，最低水位出现在年初。年内地下水位变幅大的地区一般经济发展水平较高，需要大量开采地下水。黄土丘陵沟壑区的地下水开发利用程度较低，年内变幅一般在 0.4～1.25m，在丰水年地下水位一般呈上升状态，最低水位出现在年初，年末达最高水位。黄土高原沟壑区在丰水年的地下水位最大变幅不超过 1.0m，平水年稳定，枯水年略有下降。

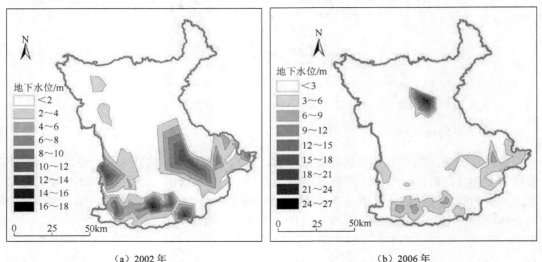

（a）2002 年　　　　　　　　　　　　（b）2006 年

图 6-4　咸阳市地下水位最大变幅等值图

4. 地下水年际变化特征

根据咸阳市 1977～2006 年地下水监测资料分析，各水文地质分区地下水平均水位变化特征既有共性又有差异。

河流阶地区的年际动态过程大体可分为四个阶段。①升降交替阶段（1977～1987 年），即 1977～1980 年的地下水位下降、1981～1984 年的地下水位稳步上升、1985～1987 年的地下水位下降。②相对稳定阶段（1988～1992 年），地下水位基本稳定。③持续下降阶段（1993～1999 年），地下水开采量逐年增大，导致地下水位多年持续下降。④波动变化阶段（2000～2006 年），地下水埋深时升时降，波动较大，但总的趋势仍然是下降。

黄土台塬区的年际动态过程大体可分为三个阶段。①持续上升阶段（1977～1984年），地下水开采量较小，地下水位持续上升，并分别在 1983 年和 1984 年达到最高水位（3.5m）。②持续下降阶段（1985～2000 年），地下水开采量逐年增加，地下水位持续下降，平均下降速度为 0.7m/a。③快速下降阶段（2001～2006 年），地下水位下降速度明显加快，达到 1.3m/a，并且在 2006 年达到该地区 30 年来最低水位。

黄土丘陵沟壑区的地下水位动态过程大致可分为三个阶段。①基本稳定阶段（1977～1992 年），先升后降，但变化幅度不大，基本稳定。②持续下降阶段（1993～1999 年），地下水开采量逐年增加，地下水位持续下降，下降速度一般为 0.5m/a。③急剧变化阶段（2000～2006 年），地下水位升降较为剧烈，但总趋势下降。

黄土高原沟壑区的地下水年际动态过程可分为两个阶段。①相对稳定阶段（1977～1992 年），水位虽有升降但变化不大，基本处于稳定状态。②持续下降阶段（1993～2006 年），地下水开采量逐年增大，使地下水位多年一直呈下降趋势，2005 年地下水位达到 30 年来最低水位。

5. 地下水空间变化特征

与上年同期监测值比较，2008 年 12 月 26 日全市地下水位变幅以稳定为主，上升区分布在泾阳县的云阳至雪河一带；下降区主要分布在三原县的新兴和马额两塬、泾西台塬区的西部和西南部边缘、兴平市北部塬区和渭城区窑店、韩家湾一带，其余呈零星分布。各地貌单元地下水位变幅特征值见表 6-1。与上年同期值比较，羊毛湾灌区水位基本稳定；泾惠渠灌区的绝大部分水位基本稳定，上升与下降区呈零星分布；宝鸡峡灌区大部分为稳定区，灌区西部、兴平市北部塬区和渭城区窑店、韩家湾一带均呈下降趋势。各灌区地下水位变幅特征值见表 6-2。

表 6-1　2008 年 12 月 26 日各地貌单元地下水位变幅特征值（赵旭，2009）

地貌单元	控制面积/km^2	平均值/m	最大上升值/m	最大下降值/m
泾西阶地区	754.43	−0.48	2.20	−1.64
泾西台塬区	1771.95	−0.32	2.26	−2.31
泾东阶地区	752.17	0.11	2.07	−1.67
泾东台塬区	430.51	−0.70	1.82	−2.58
北部地区	1263.87	−0.04	3.19	−1.23

表 6-2　2008 年 12 月 26 日三大灌区地下水位变幅特征值（赵旭，2009）

灌区名称	有效灌溉面积/km^2	平均值/m	最大上升值/m	最大下降值/m
宝鸡峡	158.06	−0.38	2.26	−2.31
泾惠渠	43.43	0.13	2.07	−1.67
羊毛湾	21.69	−0.28	0.34	−1.75

与上年同期比较，咸阳市各县（市、区）城区中，下降幅度最大的为武功县城区，其余各县（市、区）城区水位多呈稳定状态；在漏斗区，除窑店和西橡漏斗水位基本稳定外，其余漏斗水位继续下降，漏斗面积有所增加（表 6-3）。

表 6-3　2008 年 12 月 26 日各漏斗区地下水特征值统计（赵旭，2009）

漏斗区名称	地貌单元	漏斗要素		与上年同期比较	
		年末面积/km²	中心水位/m	面积/km²	中心水位/m
沣东漏斗	渭河南阶地区	49.80	26.25	0.00	-3.05
渭滨漏斗	渭河北阶地区	13.48	20.50	0.02	-0.44
西橡漏斗	渭河北阶地区	—	18.62	—	-0.14
窑店漏斗	渭河北阶地区	0.50	7.33	0.00	-0.12
兴化漏斗	渭河北阶地区	29.82	17.11	0.02	-0.69
鲁桥漏斗	泾河阶地区	9.19	35.62	0.05	-0.62

6.1.2　地下水动态数值模拟

1. 水文地质概念模型

（1）含水层结构的概化。根据研究区地下水水力性质、地下水动态特征、水文地球化学特征和含水层渗透性，含水层自上而下依次概化为非均质、各向异性的潜水含水层组和浅层承压水含水层组（杨旭等，2005；Kenneth，1996）。由于地下水运动符合达西定律，浅层含水层与深层含水层之间的水量交换强烈（马兴旺等，2002；EL-Kadi et al.，1994），因此概化为三维非稳定流。

（2）边界条件的概化。研究区的东部和西部边界大部分垂直切割地下水位等值线，可概化为第二类边界条件，与外界物质交换通量为零。研究区北部主要是基岩山区，透水性较差，主要是降水入渗补给，因此模型的北部边界概化为隔水边界。研究区南部为渭河，此边界概化为第二类流量边界条件，在汛期（6～9 月）渭河通过该边界对区内地下水进行补给，非汛期和枯水期为地下水排泄边界。

2. 水文地质数学模型

根据水文地质概念模型，可用微分方程的定解问题描述非均质和各向异性的三维非稳定流（刘英等，2006）：

$$\begin{cases} S\dfrac{\partial h}{\partial t} = \dfrac{\partial}{\partial x}\left(K_x \dfrac{\partial h}{\partial x}\right) + \dfrac{\partial}{\partial y}\left(K_y \dfrac{\partial h}{\partial y}\right) + \dfrac{\partial}{\partial z}\left(K_z \dfrac{\partial h}{\partial z}\right) + \varepsilon & x, y, z \in \Omega, t \geqslant 0 \\[2mm] \mu\dfrac{\partial h}{\partial t} = K_x\left(\dfrac{\partial h}{\partial x}\right)^2 + K_y\left(\dfrac{\partial h}{\partial y}\right)^2 + K_z\left(\dfrac{\partial h}{\partial z}\right)^2 - \dfrac{\partial h}{\partial z}(K_z + p) & x, y, z \in \Gamma_0, t \geqslant 0 \\[2mm] h(x, y, z, t)\big|_{t=0} = h_0 & x, y, z \in \Omega, t \geqslant 0 \\[2mm] K_n\dfrac{\partial h}{\partial \vec{n}}\bigg|_{\Gamma_1} = q(x, y, z, t) & x, y, z \in \Gamma_1, t \geqslant 0 \\[2mm] K_n\dfrac{\partial h}{\partial \vec{n}} - \dfrac{h - h_s}{\sigma}\bigg|_{\Gamma_2} = 0 & x, y, z \in \Gamma_2, t \geqslant 0 \end{cases} \qquad (6\text{-}1)$$

式中，S 为自由面以下含水层储水系数，1/m；h 为含水层的水位标高，m；Ω 为渗流区域；K_x、K_y、K_z 分别为 x、y、z 方向的渗透系数，m/d；μ 为潜水含水层在潜水面上的重力给水度；ε 为含水层的源汇项，1/d；Γ_0 为渗流区域的上边界，即地下水的自由表面；p 为潜水面的蒸发和降水补给，1/d；h_0 为含水层的初始水位 m；Γ_1 为渗流区域的二类边界，包括承压含水层底部隔水边界和渗流区域的侧向流量或隔水边界；n 为边界面的法线方向；K_n 为边界面法向方向的渗透系数，m/d；$q(x,y,z,t)$ 为二类边界的单位面积流量，$m^3/(d \cdot m^2)$，流入为正、流出为负、隔水边界为 0；Γ_2 为混合边界；h_s 为地表河流的水位标高，m；σ 为河流底部弱透水层的阻力系数，$\sigma = L/K_s$，其中 L 为底部弱透水层的厚度，m；K_s 为河流底部弱透水层垂向渗透系数，m/d。

3. 有限单元网格的剖分

利用 EFFLOW 模拟软件模拟地下水流的前期准备工作主要有：选择模拟区域并进行数字化，设计咸阳市超级单元，划分咸阳市有限单元，设定模型的基本条件、初始条件、边界条件和参数值及设定水位模拟参照点等。

超级单元网格设计是划分有限元网格的基础。超级单元网格设计主要是输入模型边界（图 6-5）。

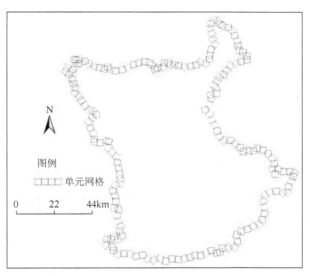

图 6-5 设计超级单元网格

有限元剖分的原则主要有三角形单元内角尽量不出现钝角，相邻单元间面积相差不应太大，充分考虑咸阳市的边界、岩性分区边界和行政分区界线，观测孔和水源地尽量放在剖分单元的节点上，水力坡度和流场变化较大区域的剖分要适当加密及重点区域适当加密网格。咸阳市经过剖分后，共有 13207 个结点和 6082 个单元格（图 6-6）。

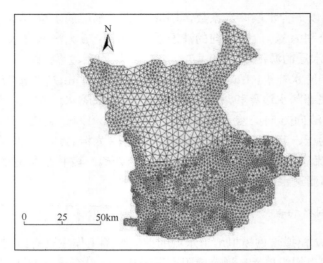

图 6-6　有限元三角网格剖分（赵旭，2009）

4. 水文地质参数及定解条件

水文地质参数主要包括承压水含水层的释水系数、渗透系数、底板高程和顶板高程等，潜水含水层的给水度、渗透系数和底板高程等（王仕琴等，2007）。根据咸阳市 134 个观测井地面高程及各县（市、区）和镇政府所在地高程，在 ArcGIS 软件中利用反距离加权法内插生成地面高程等值线图。潜水含水层隔水底板的高程可由地面高程和含水层厚度计算求得（图 6-7）。

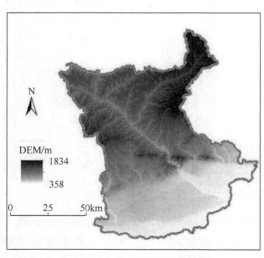

（a）地面高程

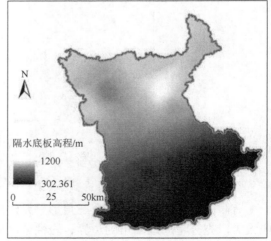

（b）潜水隔水底板高程

图 6-7　咸阳市地面高程和潜水隔水底板高程等值线图

根据相关研究报告和钻孔资料，对潜水含水层参数进行分区，其中渗透系数分为 11 个区，给水度分为 8 个区（图 6-8）。黄土丘陵沟壑区和北部低山区富水性较差，仅部分塬面潜水含水量中等，土壤类型以亚黏土、泥岩和基岩为主，渗透性较差；黄土台塬区的含水层中有古土壤和成层的钙质结核等，黄土垂直渗透能力较弱，渗透系数较小；泾河、漆水河、渭河及其支流的河漫滩和各级阶地主要是砂粒卵石和冲积砂，富水性好，渗透系数较大。渭河一、二级阶地的含水层厚度为 20～50m，渭河三级阶地和黄土台塬区的含水层厚度为 15～50m。

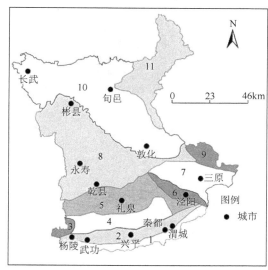 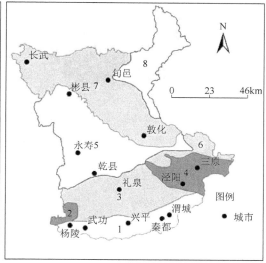

（a）渗透系数　　　　　　　　　　　　　（b）给水度

图 6-8　含水层渗透系数及给水度分区图

咸阳市北部黄土高原沟壑区、丘陵区及土石山区承压水埋藏深度超过 120m。河流阶地区浅层承压含水层顶板埋深在 50～60m，水位埋深在 5～20m；泾西黄土台塬其他地区的浅层承压含水层顶板埋深一般在 90～120m。含水层顶板埋深在泾西台塬、山前洪积扇和泾河阶地分别为 90～140m、60～150m 和 60～80m。为了研究方便，浅层承压含水层隔水顶板埋深在模拟过程中统一选取为 90m。

承压含水层释水系数由不同岩性承压含水层的弹性释水系数和承压含水层厚度决定。一般情况下，承压含水层埋藏越深，土层越密实，孔隙率和弹性释水系数越小。我国北方承压含水层弹性释水系数一般为 $5×10^{-5}$～$6.5×10^{-4}$。

根据现有降水资料和观测井的水位动态变化资料，地下水模拟的初始流场时间为 2005 年 1 月 1 日，模拟时期为 2005 年 1 月到 2005 年 12 月一个完整的水文年，每个时段为 1 个月，包括若干个时间步长。

利用内插法和外推法对 2005 年 1 月 1 日实测潜水井的地下潜水水位数值进行插值，得到潜水含水层的初始水位，再根据整体流场的虚拟水位值得到潜水含水层的初始流场。浅层承压含水层的初始流场根据已有的水文地质报告和有限个承压水井的实际观测资料值经过插值模拟得到（图 6-9）。

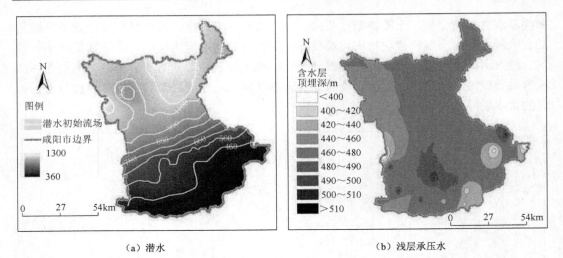

（a）潜水　　　　　　　　　　　　　　（b）浅层承压水

图 6-9　咸阳市潜水和浅层承压水初始流场图

6.1.3　源汇项计算与处理

1. 降水入渗补给量

为了保证降水量计算的精度，凡实测系列在 20 年以上的雨量站资料全部选用；雨量站相对较少，而降水量变化梯度较大的山区，实测系列在 15 年以上的站也全部选用。共收集了 26 处雨量站的资料。根据咸阳市的 26 处气象站资料，利用泰森多边形法对研究区进行降水量控制面积分区（图 6-10）。

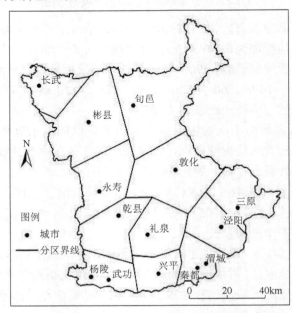

图 6-10　咸阳市降水量控制分区图

利用有效降水量（连续降水量大于 7mm 或一次降水量超过 10mm）计算降水入渗量。根据包气带岩性相关研究成果和降水入渗系数经验值确定降水入渗补给系数初始值（表 6-4）。

表 6-4　不同岩性和降水量的平均年降水入渗补给系数值（赵旭，2009）

年降水量/mm	黏土	亚黏土	亚砂土	粉细砂	砂卵砾石
50	0~0.02	0.01~0.05	0.02~0.07	0.05~0.11	0.08~0.12
100	0.01~0.03	0.02~0.06	0.04~0.09	0.07~0.13	0.10~0.15
200	0.03~0.05	0.04~0.10	0.07~0.13	0.01~0.17	0.15~0.21
400	0.05~0.11	0.08~0.15	0.12~0.20	0.15~0.23	0.22~0.30
600	0.08~0.14	0.11~0.20	0.15~0.24	0.20~0.29	0.26~0.36
800	0.09~0.15	0.13~0.23	0.17~0.26	0.22~0.31	0.28~0.38
1000	0.08~0.15	0.14~0.23	0.18~0.26	0.22~0.31	0.28~0.38
1200	0.07~0.14	0.13~0.21	0.17~0.25	0.21~0.29	0.27~0.37
1500	0.06~0.12	0.11~0.18	0.15~0.22	—	—
1800	0.05~0.10	0.09~0.15	0.13~0.19	—	—

降水入渗补给量由降水量、降水入渗补给系数和入渗补给面积决定：

$$W_{水补} = 0.1 \times \alpha_{降} \times P \times F \tag{6-2}$$

式中，$W_{水补}$ 为降水入渗补给量，$\times 10^4 m^3/a$；0.1 为单位换算系数；$\alpha_{降}$ 为降水入渗补给系数；P 为降水量，mm；F 为降水入渗补给面积，km^2。

2. 侧向径流补给量

地下水的侧向径流补给量由达西公式进行计算：

$$W_{侧补} = K \times I \times B \times M \times \Delta T \tag{6-3}$$

式中，$W_{侧补}$ 为地下水侧向量，正值表示流入量，负值表示流出量，$\times 10^4 m^3/a$；K 为断面附近的含水层渗透系数，m/a；I 为垂直于断面的水力坡度，‰；B 为断面宽度，$\times 10^4 m$；M 为含水层厚度，m；ΔT 为计算时间，a。

侧向及河流补排量的模拟参数选取如下：泾渭平原区的渗透系数为 2.07~52.0m/d、水力坡度为 0.60‰~11.0‰，补排天数为 80~365d；黄土台塬区的渗透系数为 0.20~20.87m/d，水力坡度为 1.85‰~23.0‰，补排天数为 365d。

3. 渠库渗漏补给量

田间灌溉入渗和渠道渗漏是地下水补给来源之一。根据宝鸡峡东干渠等渠道的观测资料，潜水埋深小于 15m 的地段，渠水与潜水有直接的水力联系，这些地段的渠水对潜水的补给量计算公式为

$$W_{渠补} = W_{毛} \times (1 - \eta - \alpha_{蒸}) \tag{6-4}$$

式中，$W_{渠补}$ 为渠系渗漏补给量，$\times 10^4 m^3/a$；$W_{毛}$ 为干支渠首引水量，$\times 10^4 m^3/a$；η 为渠系水利用系数；$\alpha_{蒸}$ 为渠水的水面蒸发系数，根据水利手册取值为 5%。

潜水埋深大于 20m 的地区，渠水与潜水无直接水力联系。渠道的渗漏水量，需要经过几十米的包气带土层的渗透路径才能到达潜水面，因而渠道渗漏的水量主要是用以提

高包气带土层的含水量而消耗于包气带中。因此潜水埋深大于 15m 的地区，渠水对潜水的补给量计算公式为

$$W_{渠补} = W_{毛} \times (1 - \eta - \alpha_{蒸}) \times \alpha_{灌} \qquad (6\text{-}5)$$

式中，$\alpha_{灌}$ 为田间灌溉入渗补给系数。干渠的有效利用系数达到 95% 左右，再加上 5% 的水面蒸发，基本上没有渗漏，因此渠水渗漏补给量只计算支渠一级。根据泾惠渠、宝鸡峡灌区提供的资料，支渠的渠系水利用系数在泾惠渠为 0.6、宝鸡峡为 0.55、北部各区为 0.6、全市井灌均为 0.8。斗渠的渗漏补给量根据田间灌溉入渗补给计算。

　　水库渗漏补给量的计算公式为

$$W_{库补} = W_{库} \times \alpha_{库} \qquad (6\text{-}6)$$

式中，$W_{库补}$ 为水库入渗补给量，$\times 10^4 \text{m}^3/\text{a}$；$\alpha_{库}$ 为水库渗漏系数，取经验值 0.15；$W_{库}$ 为水库多年平均库容，$\times 10^4 \text{m}^3/\text{a}$。咸阳市 2005 年水库库容统计情况如表 6-5 所示。根据式（6-6）和表 6-5 可计算水库入渗总量。以各水库在各行政区的分布面积为权重，把水库年渗漏量分配到各相关行政区，同时平均分配到 12 个月。

表 6-5　咸阳市 2005 年水库库容（赵旭，2009）

项目	羊毛湾	老鸭咀	大北沟	杨家河	乾陵	南沟	红岩
总库容/万 m³	12000	1802	3830	1810	950	430	274
所在行政区	乾县	乾县	乾县	乾县	乾县	乾县	乾县
行政区面积/km²	1002	1002	1002	1002	1002	1002	1002
项目	小河	庄河	梨园沟	南坊	黑松林	官山	秦庄
总库容/万 m³	700	155	118	317	1430	590	380
所在行政区	礼泉县	礼泉县	礼泉县	礼泉县	淳化县	淳化县	淳化县
行政区面积/km²	1011	1011	1011	1011	976	976	976
项目	贾河滩	茅子沟	百顷沟	冯村	小道口	玉皇阁	前咀子
总库容/万 m³	225	106	120	1890	286	1575	500
所在行政区	泾阳县	泾阳县	泾阳县	三原县	三原县	三原县	三原县
行政区面积/km²	785	785	785	577	577	577	577
项目	弓王	李家桥	西郊	石沟	潭沟	桥沟	苍儿沟
总库容/万 m³	316	937	3450	326	108	113	114
所在行政区	三原县	三原县	三原县	三原县	旬邑县	旬邑县	旬邑县
行政区面积/km²	577	577	577	577	1787	1787	1787

4. 灌溉入渗补给量

　　灌溉入渗补给量主要计算田间地表水灌溉入渗补给量和井灌回归入渗补给量。田间灌溉入渗补给量计算公式为

$$W_{田补} = F \times A \times \alpha_{灌} \qquad (6\text{-}7)$$

式中，$W_{田补}$ 为田间灌溉入渗补给量，$\times 10^4 \text{m}^3/\text{a}$；$F$ 为灌溉面积，亩；A 为灌水定额，$\text{m}^3/$亩；由于潜水埋深相同地区的降水入渗补给系数和灌溉入渗补给系数基本一致，结合田间灌溉入渗系数的经验值，$\alpha_{灌} = \alpha_{降}$（表 6-6）。

表 6-6　田间灌溉入渗补给系数经验值（赵旭，2009）

地下水埋深/m	灌水定额/(m³/亩)	亚黏土	亚砂土	粉细砂
<4	40～70	0.10～0.17	0.10～0.20	—
	70～100	0.10～0.20	0.15～0.25	0.20～0.35
	>100	0.10～0.25	0.20～0.30	0.25～0.40
4～8	40～70	0.05～0.10	0.05～0.15	—
	70～100	0.05～0.15	0.05～0.20	0.05～0.25
	>100	0.10～0.20	0.10～0.25	0.10～0.30
>8	40～70	0.05	0.05	0.05～0.10
	70～100	0.05～0.10	0.05～0.10	0.05～0.20
	>100	0.05～0.15	0.05～0.20	0.05～0.20

南部平原和台塬区主要作物有小麦、玉米、棉花和油菜等，耕作制度为一年两熟或者两年三熟，复种指数为 140%～180%。北部三个区的主要作物有小麦、玉米、烤烟、油菜和薯类等，耕作制度为一年一熟，少数秋杂作物为一年两熟，复种指数为 110%～180%。各地区种植的作物类型和灌溉水量见表 6-7。

表 6-7　咸阳市 2005 年作物灌溉水量统计（赵旭，2009）

地区	种植比例/%				净灌溉定额/(m³/亩)					灌溉面积/万亩	灌溉水量/万 m³
	小麦	玉米	油菜、蔬菜	林果	小麦	玉米	油菜、蔬菜	林果	综合		
秦都区	65	35	19.18	18.18	135	135	140	120	184	18.26	5987
渭城区	65	48	2.66	7.46	135	135	140	120	165	16.55	4882
兴平区	60	48	17.69	8.19	135	135	140	120	180	31.14	10031
武功县	65	48	9.21	3.48	135	135	140	120	170	36.50	11054
乾县	60	50	3.17	4.48	110	135	135	120	143	48.30	11524
礼泉县	60	50	4.54	7.80	110	135	135	120	149	52.70	14020
泾阳县	65	58	33.37	4.61	110	135	135	120	200	58.98	20377
三原县	65	58	15.19	15.92	110	135	135	120	189	30.83	10067
永寿县	50	50	1.21	29.31	110	135	135	120	159	9.00	2390
彬县	60	40	0.65	2.16	100	95	120	110	101	4.41	991
长武县	40	10	19.00	38.72	100	95	120	110	115	4.76	1214
旬邑县	50	34	0.82	18.06	100	95	120	110	103	7.55	1729
淳化县	60	20	0.00	20.62	100	95	120	110	102	8.55	1932
合计	—	—	—	—	—	—	—	—	—	327.53	96198

井灌回归补给量计算公式为

$$W_{井补} = W_{井灌} \times \beta \tag{6-8}$$

式中，$W_{井补}$ 为井灌回归补给量，$10^4 m^3/a$；$W_{井灌}$ 为开采的地下水灌溉水量，$10^4 m^3/a$；β 为井灌回归系数，一般取值为 0.1～0.3，本研究区统一取值为 0.18。

5. 河流排泄量

在河流一、二级阶地的汛期或者在平水年和枯水年，当地下水水位高于渭河水位时，地下水反补渭河。地下水河流排泄量的计算公式为

$$W_{河排} = \gamma \times L_{河长} \times T \tag{6-9}$$

式中，$W_{河排}$为河流排泄量，$\times 10^4 m^3/a$；γ为单位河流长度排泄量，$m^3/(km \cdot s)$，本研究拟利用侧向径流和河流补给量确定γ的值；$L_{河长}$为河流长度，km；T为河流过水时间，s。

6. 蒸发量

蒸发量主要与潜水位埋深和气候等因素有关，一般认为水位埋深大于 5m 的地区潜水蒸发很小。因此本次建立的模型在地下水位埋深大于 5m 的区域不考虑潜水蒸发排泄的影响。研究表明，依据绘制的地下水埋深等值线图，结合部分井的观测资料，只有渭河一级阶地部分地区及河漫滩地下水的埋深未达到潜水蒸发极限深度。对于埋深小于 5m 的地区，如黄土台塬区，潜水蒸发极限深度为 4.0m，渭河平原区为 3.5m，这些地区的地下水蒸发计算公式为

$$Q_{蒸发} = F \times \varepsilon_0 (1 - \Delta / \Delta_0)^n \qquad (6\text{-}10)$$

式中，$Q_{蒸发}$为地下水蒸发排泄量，$\times 10^4 m^3/a$；Δ为埋深小于 4m 的平均水位埋深，m；Δ_0为地下水蒸发极限埋深 4m，m；F为地下水位埋深小于 4m 的区域面积，$\times 10^4 m^2$；ε_0为液面蒸发强度，mm/a，取值为蒸发皿测得蒸发强度的 60%；n为与岩性有关的指数，粉土、粉质黏土取 1.5，粉砂取 1.0。

7. 潜水越流排泄量

当浅层承压水的水位低于潜水水位时，由于两者水头差作用，潜水通过弱透水层或者"天窗"下渗，产生越流现象。因此，潜水的越流排泄量为浅层承压水补给来源之一。计算公式为

$$W_{越流} = E \times \Delta H \times F \times 365 \qquad (6\text{-}11)$$

式中，$W_{越流}$为潜水越流排泄量，$\times 10^4 m^3/a$；ΔH为水位差，m；F为计算单元面积，km；E为越流系数，1/d，由 R-C 电网络模拟计算成果选取，取值为 $0.3 \times 10^{-5} \sim 2 \times 10^{-5}$。

8. 地下水开采量

地下水开采包括工业及城镇地下水开采、农田井灌开采和农村人畜用水开采三部分。工业及城镇供水主要为承压水和潜水混合开采的井型，塬上人畜饮水水井和农灌井也属于这种情况，而塬下农灌井大多数为开采潜水的浅井，承压水与潜水混合开采区要对潜水开采量进行分割。农村人畜饮用水地下水开采量分别按用水的人、畜数量和各季节用水定额计算。

6.1.4　模型模拟与检验

1. 模型模拟准则

为了达到理想的地下水模拟效果，需要反复对模型和某些源汇项的参数进行修改与调整（邢毅等，1996）。即将预先设定的一组参数估计值输入模型进行计算，比较计算结果与实测结果的误差，如果误差没有达到精度要求，则调整参数估计值，重新计算，直到满足精度要求为止，这时的参数值即符合实际的参数值（李守波，2007）。另外，在进行模型识

别和验证时，要求地下水模拟等值线和地下水位过程线分别与实测地下水位等值线和实际地下水位过程线的形状相似，水文地质参数也要符合实际水文地质条件（江毓武等，1999）。

判断计算结果与实测数据的拟合程度一般通过均方根误差（root-mean-square error, RMSE）、相对误差（relative error, RE）和相关系数（R^2）进行表征。

$$\text{RMSE} = \sqrt{\frac{1}{n}\sum_{i=1}^{n}(P_i - O_i)^2}$$ （6-12）

$$\text{RE} = \frac{1}{n}\sum_{i=1}^{n}\frac{|P_i - O_i|}{\max(O_i) - \min(O_i)} \times 100\%$$ （6-13）

$$R^2 = \frac{\left(\sum_{i=1}^{n}(P_i - \overline{P})(O_i - \overline{O})\right)^2}{\sum_{i=1}^{n}(P_i - \overline{P})^2 \sum_{i=1}^{n}(O_i - \overline{O})^2}$$ （6-14）

式中，n 为地下水位观测次数；P_i 为第 i 个地下水位模拟值，m；O_i 为第 i 个地下水位观测值，m；$\max(O_i)$为地下水位最大观测值，m；$\min(O_i)$为地下水位最小观测值，m；$\overline{P}$ 为模拟的地下水位平均值，m；$\overline{O}$ 为观测的地下水位平均值，m。

2. 模型模拟结果分析

水量均衡、模拟期含水层的模拟流场与实际流场和观测井地下水位拟合曲线 3 个指标能有效地分析模型模拟结果的可靠性。在计算和初始设置水文地质和源汇项参数的基础上，反复调整参数，确定模型结构，识别水文地质条件、含水层渗透系数和给水度等（图 6-11）。

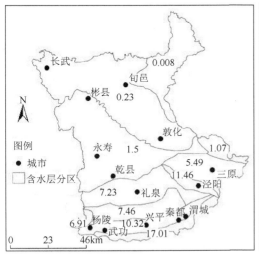
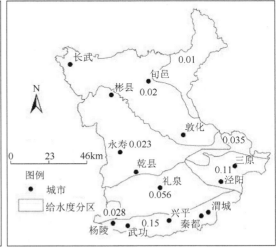

（a）渗透系数　　　　　　　　　　　　（b）给水度

图 6-11　含水层渗透系数和给水度识别结果

（1）流场对比。利用 2005 年 12 月 26 日的实测潜水层地下水流场值，在 GIS 平台利用反距离加权（inverse distance weighted, IDW）插值法对 FEFLOW 模型进行插值和模拟，得到潜水层地下水流场模拟等值线图，并与绘制的各月实测等值线图进行比较，考查模拟期内水位变化的总体趋势（图6-12）。从图6-12中可以看出，实测和模拟的地下水位等值线基本保持一致。通过计算各井点水位模拟的绝对误差和相对误差，结果表明模型拟合的精度较高，拟合效果良好。由于承压水井的资料有限（28口承压水观测井），模拟流场与实测流场相比，误差较大，相对误差在1%左右，绝对误差为-5.19～5.41m。其中，小于0.5m的有4口井，0.5～1m的有10口井，1～2.3m的有7口井。

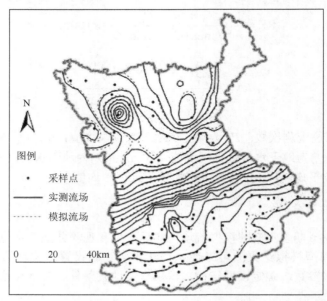

图6-12　潜水层地下水实测流场与模拟流场对比（修改自赵旭，2009）

（2）水量均衡。利用FEFLOW模型模拟得到的地下水量均衡结果见表6-8。咸阳市主要开采潜水含水层，在模拟期内地下水系统总补给量为$82590.74\times10^4m^3$，总排泄量$96028.25\times10^4m^3$，均衡差为$-3163.51\times10^4m^3$。在补给项中，降水是最大补给来源，降水入渗量占总补给量的51.02%。在地下水排泄项中，人工开采量为$54829.31\times10^4m^3$，占总排泄量的57.10%，人工大量开采地下水，导致地下水集中开采区的水位下降，容易形成降落漏斗。

表6-8　咸阳市模拟期地下水量均衡结果（赵旭，2009）

均衡项	补给量/($\times10^4m^3$)			均衡项	排泄量/($\times10^4m^3$)		
	潜水	浅层承压水	含水层组		潜水	浅层承压水	含水层组
降雨入渗量	47383.46	—	47383.46	开采量	-46640.30	-8189.01	-54829.31
田间灌溉入渗量	6358.85	—	6358.85	河流排泄量	-9023.60	—	-9023.60
侧向径流量	6550.22	2164.97	8715.19	侧向径流量	-15312.07	—	-15312.07
越流量	—	8108.91	8108.91	蒸发量	-8754.36	—	-8754.36
渠系渗漏量	8973.65	—	8973.65	越流量	-8108.91	—	-8108.91
水库渗漏量	1129.49	—	1129.49	均衡差	—	—	-3163.51
井灌回归量	6971.67	—	6971.67				
河流入渗量	5223.40	—	5223.40				
小计	82590.74	10273.88	92864.74	小计	-87839.24	-8189.01	-96028.25

（3）各井点地下水平均水位的模型模拟与实测之间的 RMSE、RE 和 R 见表 6-9。利用 FEFLOW 模型模拟各观测井的地下水位动态，除了 219 井模拟误差较大外，其余的平均 RMSE 为 0.513m，最小值为 0.062m，最大值为 2.638m，相关系数为 0.022～0.903。

表 6-9　2005 年代表井 FEFLOW 模型检验误差统计（赵旭，2009）

井点	003	028	042	061-1	068	202	204	219	252	258-2	262-1	266
RMSE/m	0.594	0.795	0.096	0.760	0.438	0.687	0.827	9.897	1.160	0.832	0.698	1.024
RE/%	18.6	25.1	7.0	29.4	12.1	17.8	22.0	50.9	16.9	21.1	10.5	37.1
R	0.767	0.551	0.930	0.788	0.877	0.799	0.844	0.251	0.504	0.659	0.812	0.148
井点	267	360	410	411-1	453	457-1	502	508	514-1	657	B201	B213
RMSE/m	0.228	0.503	0.062	0.623	0.391	1.768	2.638	0.147	0.721	1.645	0.489	0.785
RE/%	12.9	11.6	20.3	11.7	26.5	46.0	52.2	9.5	58.6	41.3	10.1	21.1
R	0.843	0.903	0.585	0.569	0.538	0.022	0.092	0.869	0.121	0.032	0.824	0.651

从观测井的空间分布来看，北部的几口井模拟误差相对较小，可能是由于人类活动影响相对较小，区域补给排泄比较单一。咸阳市边缘地带、地下水水力坡度较大和地形发生陡变的地区模拟效果较差，可能是由于咸阳市概化与实际存在一定差别，参数反映的是水文地质分区的均质，不能有效表达含水层的非均质各向异性；在处理边界条件时，没有真实反映咸阳市的边界补排关系；源汇项中部分参数取经验值，与实际有差别；源汇项的水量按月值平均分配，而不是依据灌溉制度、汛期或非汛期进行分配，从而引起模型误差。但从总体看，模型模拟精度较高，基本揭示了地下水系统的动态特征以及地表来水和灌溉用水等对地下水动态的影响，可利用模型预测地下水位。

6.1.5　地下水动态变化预测

根据社会经济发展状况、供水能力、节水潜力和用水情况，假设两种不同情景下的地下水开采方案，将预测的地下水源汇项水量输入经过验证识别的 FEFLOW 数值模型，预测规划水平年 2010 年的地下水位变化趋势。

方案 1：根据咸阳市 2005 年水资源规划，咸阳市到 2010 年在维持 2005 年林果农业灌溉面积 388.98 万亩不变的情况下，新增地下水开采量 $4946 \times 10^4 m^3$。通过增加节水灌溉面积、提高田间水利用系数和渠系水利用系数等措施，到 2010 年农业新增节水量 $11738 \times 10^4 m^3$。

方案 2：假设从 2005 年开始，承压水和潜水的年开采总量每年增加 4%，其余条件不变。

在地下水系统结构参数和水文地质参数不变的情况下，运行 FEFLOW 可以输出两种情景下区域地下水动态变化等值线图（图 6-13）。

咸阳市地下水总体流场趋势在两种方案下基本没有改变，呈北高南低趋势。方案 2 中，渭北黄土台塬区的降落漏斗面积继续扩大。地下水位在年内有先下降后少量回升的波动过程，整体呈现下降趋势，年际间也呈现下降趋势。但不同情景方案的降幅有所差别。地下水平均埋深在方案 1 模拟期末为 32.54m，降幅 1.52m，在方案 2 模拟期末为 30.69m，降幅为 3.37m。

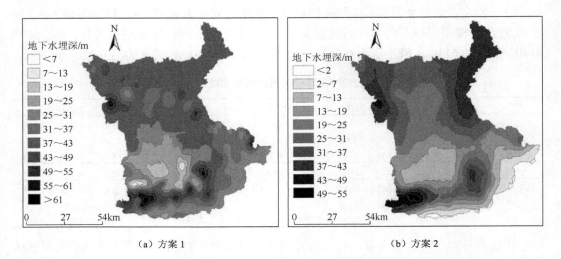

（a）方案 1　　　　　　　　　　　　　（b）方案 2

图 6-13　模拟期末咸阳市地下水埋深等值线图

6.2　基于 GIS 的地下水水化学特征及空间规律

利用研究区钻孔水质资料、控制性水样取样测试结果和水文地质普查报告等提供的代表性水点资料，分析地下水水化学特征（Lasserre et al.，1999；宫辉力等，1996）；利用基础数据资料和 GIS 强大的空间分析功能，分析地下水水化学空间分布特征（周晓虹，2008；张瑞钢等，2008），可以揭示地下水的水化学循环特征和循环系统分布特征，为地下水资源合理开发利用提供科学依据（周中海，2015；吴泉源等，2001）。

6.2.1　水化学特征分析流程

以云南省楚雄州为研究区。楚雄州位于红河水系与金沙江水系分水岭地带，牟定河水系和龙川江水系贯穿其中。地形南高北低，楚雄红层区（以白垩系和侏罗系地层为主）岩石以砂岩和泥岩为主，形成不等厚互层的岩组（图 6-14）。大地构造位于扬子地台西南缘，西南角以红河断裂为界，构造线以北西向为主；东部以绿汁江断裂为界，构造线以近南北向为主导。红层地下水补给周期长、运动缓慢、自我恢复能力差和循环更新慢，地下水资源量严重不足。因此，加强楚雄地下水资源管理和合理开采至关重要。

在掌握研究区地形、地貌、气象、水文等自然地理和地质构造、地层岩性等地质条件的基础上，根据 1：20 万水文地质图件、钻孔水质资料、控制性水样测试结果和水文地质普查报告等，划分地下水类型、水文地质单元、含水岩组及其富水性，分析地下水的补、径、排特征，水化学特征和水化学特征形成的控制因素。在 ArcGIS 9.3 软件平台上利用栅格计算、反距离空间插值等方法，建立空间模型，对地下水水化学相关数据进行可视化和空间分析，揭示其空间分布规律，为地下水有效开发利用提供决策依据。研究方法如图 6-15 所示。

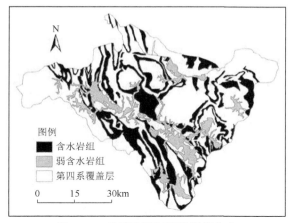

图 6-14　楚雄地区红层的岩组分布

楚雄地区的底图来源于星球地图出版社《中国分省系列地图集：云南省地图集》，审图号：JS（2016）01-160 号

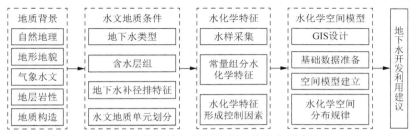

图 6-15　地下水水化学特征分析流程（修改自周中海，2015）

6.2.2　水文地质条件

1. 地下水类型及含水层组

楚雄地区红层主要由砂岩、泥灰岩、泥岩和粉砂岩组成，局部夹有砾岩、石膏和岩盐等，具有成层性、孔隙性和裂隙性，红层地下水主要是裂隙水，部分风化裂隙含水层有孔隙水。基岩裂隙水可分为风化裂隙水、构造裂隙水（层间和脉状）和溶蚀孔隙裂隙水（图 6-16）。

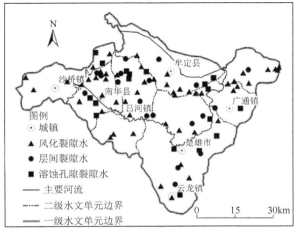

图 6-16　楚雄地区红层地下水平面分布图

2. 水文地质单元划分

通过调查楚雄地区的地形地貌、含水岩组、地质构造、河流和泉点（图 6-17），根据各流域赋水性能及状态、地下水动态特征及补径排条件划分相应的水文地质单元（图 6-18）。一级水文地质单元主要以宽缓地表分水岭为边界进行划分，主要有金沙江水系和红河水系，楚雄地区属于龙川江（金沙江水系的主要河流）水文地质单元（Ⅰ）。二级水文地质单元以地形地貌和地表分水岭作为划分依据，主要水文地质单元有牟定盆地（Ⅰ-1）、天子庙（Ⅰ-2）、南华盆地（Ⅰ-3）、吕合盆地（Ⅰ-4）、楚雄盆地（Ⅰ-5）、广通盆地（Ⅰ-6）和波河罗（Ⅰ-7）。

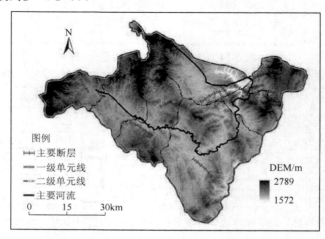

图 6-17　楚雄地区水文地质图

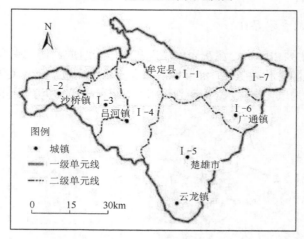

图 6-18　楚雄地区水文地质单元划分图（周中海，2015）

牟定盆地水文地质单元（Ⅰ-1）的断层出露于牟定断陷盆地，主要富水层位于天子堂断裂带周围的江底河组和高丰寺组。地下水从斜坡坡脚的松散层与基岩接触带出露为泉，风化带浅部的基岩裂隙水多为浅循环地下水，地下水流向总体由西向东。天子庙水文地质单元（Ⅰ-2）富水层主要分布在龙川江源头北侧的马头山组和江底河组第一段，西侧地势高，水系发育良好，地下水以降雨和地表水系为主要补给水源，就近补给、就近排泄。南华盆地水文地质单元（Ⅰ-3）主要分布在风屯育䇮西翼和龙川河两侧的高丰寺组，地下水接受高山降雨补给，泉点向河谷或河流排泄，浅表风化裂隙水顺裂隙面径流，深部层间裂隙水绕轴向寺脚底泉点排泄。吕合盆地水文地质单元（Ⅰ-4）位于风屯育䇮四周的高丰寺组，地下水接受大气降雨补给，向九龙甸水库排泄。楚雄盆地水文地质单元（Ⅰ-5）主要分布在盆地中心地带的高丰寺组和江底河组第一段，断层较发育，南、北侧地势高，地下水接受大气降雨补给，深部层间裂隙水绕向斜轴向循环形成承压水，浅表风化裂隙水顺裂隙网径流在沟谷处排泄。广通盆地水文地质单元（Ⅰ-6）分布在广通向斜核部的江底河组第一段，东南侧地势高，呈北东向条带展布，地下水接受大气降雨，主要通过龙川河和泉点排泄。波河罗水文地质单元（Ⅰ-7）处于龙川河下游的江底河组第一段，就近补给，主要以泉的形式就近排泄。

6.2.3　地下水水化学特征

首先根据楚雄地区不同的水源类型，分别对风化裂隙水、层间裂隙水和溶蚀孔隙裂隙水进行采样，其中风化裂隙水 53 组、层间裂隙水 21 组和溶蚀孔隙裂隙水 18 组，共计水样 92 组（图 6-19）。水样点所在流域、编号和水样点类型见表 6-10。

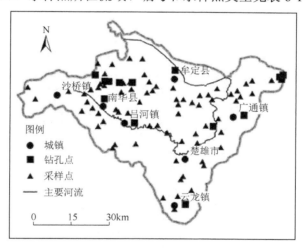

图 6-19　楚雄地区红层地下水水样点分布图

表 6-10　采样点编号和类型分布

流域		总数	编号	不同水样点类型编号		
				层间裂隙水	溶蚀孔隙裂隙水	风化裂隙水
牟定河流域		14	cx01～cx14	cx01、cx03、cx12	cx13、cx14	cx02、cx04～cx11
龙川河流域	北部	42	cx15～cx56	cx24、cx25、cx34、cx36、cx43、cx45、cx46、cx50、cx54、cx56	cx15、cx17、cx33、cx37、cx38、cx40、cx53、cx55	cx16、cx18～cx23、cx25～cx32、cx35、cx39、cx41、cx42、cx44、cx47～cx49、cx51、cx52
	南部	36	cx57～cx92	cx60、cx64、cx70、cx72、cx74、cx80、cx88	cx61、cx63、cx68、cx69、cx77、cx78、cx81	cx57～cx59、cx62、cx65～cx67、cx71、cx73、cx75、cx76、cx79、cx80、cx82～cx87、cx89～cx92

地下水水化学类型主要为 HCO_3-Ca（重碳酸钙）和 $HCO_3 \cdot SO_4$-Ca（重碳酸硫酸钙）型水，占水化学类型总数量的 75%，局部地区有点状分布的重碳酸镁型、重碳酸硫酸钙镁型、重碳酸钠型、重碳酸钙镁型、硫酸镁型、硫酸钙型、氯化物钠型、重碳酸氯化物钙型和氯化物钙型（图6-20）。

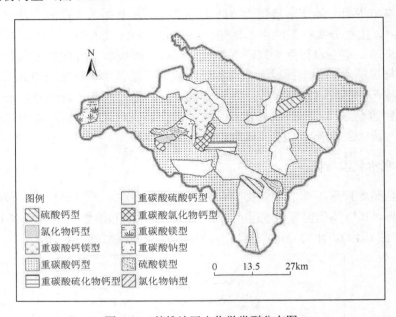

图例
硫酸钙型
氯化物钙型
重碳酸钙镁型
重碳酸钙型
重碳酸硫化物钙型
重碳酸硫酸钙型
重碳酸氯化物钙型
重碳酸镁型
重碳酸钠型
硫酸镁型
氯化物钠型

0　　13.5　　27km

图6-20　楚雄地区水化学类型分布图

6.2.4　地下水水化学空间模型及空间分布特征

1. 地下水水化学空间模型

GIS 强大的空间分析功能通过水样点的位置、属性等信息能够反映红层地下水水化学组分特征的数据模型，准确地描述、表达和分析地下水循环系统。通过构建楚雄地区红层地下水水化学空间模型，利用 GIS 的数据库管理功能，将 92 组水化学采样数据输入数据库，为进一步分析地下水水化学特征打下基础。

基础数据包括地形、地貌、道路、行政区划、河流、泉点、钻孔、水文地质、地质构造和地层界线等，区域图件为北京 54 坐标，高斯-克吕格投影 6° 带。把数据都转化为 SHP 格式，作为楚雄地区底图。92 个代表性水样点包括水样点出露层位、地点和坐标等。

空间模型主要通过 GIS 的空间插值和栅格计算进行构建，以便对评价数据进行空间分析和可视化（Alexandra et al.，2006）。利用 GIS 分析和整合影响地下水水化学组分的六大离子（Ca^{2+}、Mg^{2+}、$K^+ + Na^+$、HCO_3^-、Cl^- 和 SO_4^{2-}）、pH 值和 TDS，建立评价方法，确定指标权重，根据权重对空间数据进行叠加分析，以揭示楚雄地区红层地下水循环规律和分布特征。

2. 地下水水化学的分布特征

水化学成分数据具有一定的流域规律，因此拟利用反距离插值方法对楚雄地区红层地下水水化学的主要成分（Ca^{2+}、Mg^{2+}、$K^+ + Na^+$、HCO_3^-、Cl^-、SO_4^{2-}、pH 和 TDS）进行 IDW 空间插值（图 6-21）。

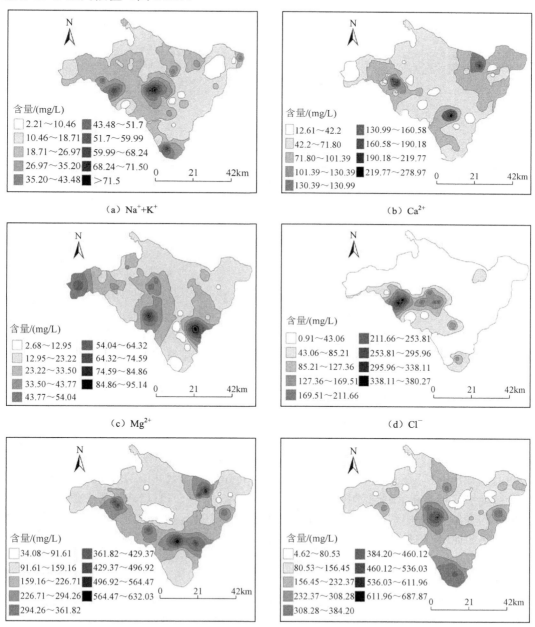

（a）$Na^+ + K^+$　　　　（b）Ca^{2+}

（c）Mg^{2+}　　　　（d）Cl^-

（e）SO_4^{2-}　　　　（f）HCO^{3-}

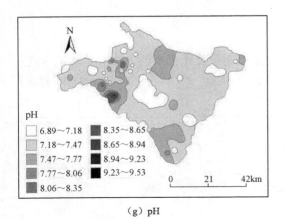

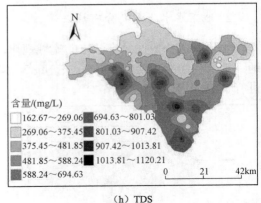

（g）pH　　　　　　　　　　　　　　　　　　　（h）TDS

图 6-21　楚雄地区红层地下水主要离子浓度分布图

由图 6-21（a）可知，牟定河流域东侧地下水中的 $Na^+ + K^+$ 含量由西侧高山补给区的 2.21~10.46mg/L 通过地下水径流（水平距离 1000m，相对高差 200m）到达排泄区时含量达 26.97~35.20mg/L，浓度增大约 4 倍以上。龙川江流域南部的 $K^+ + Na^+$ 含量在元永井附近为 35.20~43.48mg/L、云龙镇为 59.99~68.24mg/L、南华县城南部为 51.70~59.99mg/L，在吕合盆地水文地质单元盆地中心区域的排泄区含量较高，约 65mg/L，可能是因为城镇人口集中，经济比较发达，地下水开采过量，导致深层和浅层地下水越流补给而使 $K^+ + Na^+$ 浓度升高。

由图 6-21（b）可知，Ca^{2+} 浓度较高的区域主要分布在楚雄盆地中心（约 200mg/L）、南华盆地中心（160.58~278.97mg/L）、江坡镇（130.99~190.18mg/L）等人口密集的城镇。岩石矿物及化学成分影响地下水 Ca^{2+} 的浓度，Ca^{2+} 通过地下水的径流（水平距离 500~2000m，相对高差 100~200m），多在各水文地质单元的排泄区聚集。

由图 6-21（c）可知，Mg^{2+} 主要集中在楚雄盆地、吕合盆地、南华盆地水文地质单元的径流区，其中九龙甸水库的含量为 33.50~54.04mg/L，龙川河流域西侧的毛板桥水库含量为 54.04~64.32mg/L，楚雄盆地中心东侧的含量为 84.86~95.14mg/L。Mg^{2+} 浓度高的地区可能是在泥质粉砂岩中含有易溶的硫酸镁石矿物。

由图 6-21（d）可知，Cl^- 在牟定盆地水文地质单元东侧的牟定河流域排泄区含量为 43.06~85.21mg/L，在楚雄市区西侧的含量约 135mg/L，在云龙镇的含量约 150mg/L，在吕合盆地水文地质单元吕合镇附近的排泄区含量为 169.51~211.66mg/L，在龙川江流域南华县的含量为 338.11~380.27mg/L。这些地区人口密集，地下水过量开采，属于江底河组含盐高的地层，Cl^- 浓度偏高，为微咸水、咸水而不适宜直接饮用。

由图 6-21（e）可知，SO_4^{2-} 在牟定盆地水文地质单元西侧的高山补给区含量为 91.61~159.15mg/L，通过地下水径流（水平距离 1500m，相对高差 200m）到达东侧排泄区。在排泄区，SO_4^{2-} 的浓度较高，其中牟定盆地水文地质单元东侧的江坡镇含量为 429.37~496.92mg/L，南华盆地水文地质单元南侧的含量为 429.37~496.92mg/L，楚雄盆地水文地质单元的含量约 632.03mg/L，广通镇的含量约 350mg/L。SO_4^{2-} 离子主要来自含盐地层中的芒硝、钙芒硝、石膏、硬石膏和硫酸镁石等易溶矿物。

由图 6-21（f）可知，HCO_3^- 离子主要集中在各流域水文地质单元的补给区，其中牟定盆地水文地质单元的补给区含量为 308.28～384.20mg/L，楚雄盆地云龙县补给区的含量为 232.37～460.12mg/L，南华盆地西侧的高山补给区含量为 232.37～308.28mg/L。HCO_3^- 离子偏高的地区地层裂隙发育，垂直径流强，透水性好，与风化带的连通性较好。

由图 6-21（g）可知，大多数地区的 pH > 7，呈碱性；pH < 7 的区域主要分布在吕合盆地水文地质单元的盆地中心和楚雄盆地水文地质单元的西侧补给区，这可能与大气降水有关，酸性的降水补给地下水，导致该区域 pH < 7。

由图 6-21（h）可知，TDS 含量高的地方主要在排泄区，其中吕合盆地水文地质单元为 801.03～907.42mg/L，牟定盆地水文地质单元东侧的牟定河流域为 801.03～1013.81mg/L，龙川江流域的楚雄市区、南华县、广通镇和云龙镇等人口密集区的含量为 801.03～1120.21mg/L。这些地区位于江底河组一段的含盐地层上，多属硫酸盐型和氯化物型，再加上过量开采地下水，致使深层和浅层地下水越流补给，TDS 浓度偏高。矿化度值在各单元的补给区较低，为含量 269.06～375.45mg/L。

因此，$K^+ + Na^+$ 离子和 TDS 在各单元的排泄区和城镇人口集中的地方浓度较高，分别为 35.20～68.24mg/L 和 801.03～1120.21mg/L，Ca^{2+} 离子和 SO_4^{2-} 离子多聚集在各单元的排泄区，分别为 130.99～278.97mg/L 和 361.82～632.03mg/L，Cl^- 离子含量 169.51～380.27mg/L，主要聚集在排泄区和含盐地层中，HCO_3^- 离子含量 232.37～687.87mg/L，主要集中在各单元的补给区，Mg^{2+} 离子含量 64.32～95.14mg/L，集中在各单元径流区。

3. 地下水循环系统的分布特征

利用 Raster Calculator 模块，进行栅格计算。首先，将六种离子浓度的空间分布栅格图分别除以总的矿化度，得到各离子在总矿化度中所占比例图；其次，将比例栅格图分别乘以各自的权重，得出各离子在每个栅格内的地下水循环畅流度；然后，将畅流度乘以 100，表示 100g 水中的分值，以揭示地下水的水循环规律；最后，利用 GIS 的 Export 功能输出地下水循环畅流度结果（图 6-22）。

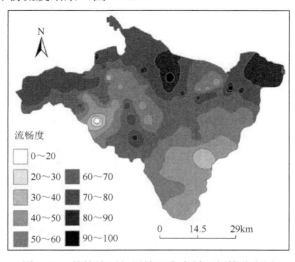

图 6-22　楚雄地区红层地下水水循环规律分布图

由图 6-22 可知,水文地质单元的畅流度在牟定盆地的东侧最低、中部最高和西侧中等;东部排泄区主要是由于地层岩性和地质构造造成地下水径流缓慢,而西部高山补给区到中部平原的排泄区由于地下水径流速度快、水力坡度大、补给排泄条件好,地下水径流通畅。

天子庙水文地质单元的畅流度较高,主要是因为地下风化裂隙水径流速度快,水力坡度大,径流短,能迅速排泄。南华盆地水文地质单元的畅流度北高南低,是因为北部高山区水力坡度大,地下水集中补给,分散排泄,径流交替作用比南部地区强。吕合盆地水文地质单元的畅流度南高北低,其中北部高山区自风屯育窿核部到边缘,畅流度由小变大,地下水交替由大变小,地下水集中补给,分散排泄,受风屯育窿控制,核部主要为溶蚀孔隙裂隙水。楚雄盆地水文地质单元的畅流度北高南低,北侧尖峰山地区水系较发育,水力坡度大,径流短,能迅速排泄;而南侧地下水类型复杂,水力坡度小,地下水集中补给,径流缓慢,分散排泄。广通盆地水文地质单元的畅流度由高山补给区到平原排泄区逐渐增大,地下水水力坡度由大变小,径流交替由强变弱,集中补给,分散排泄。波河罗水文地质单元主要为风化裂隙水,畅流度高,地下水径流速度快,水力坡度大,径流短,能迅速排泄。

从总体上看,楚雄地区的地下水循环系统由高山补给区到平原排泄区,地下水水力坡度由大变小,径流速度逐渐变慢,径流交替沿途由强变弱,集中补给,分散排泄。受地形地貌、地层岩性、地质构造和径流途径等因素影响,个别水文地质单元呈现出独有的地下水循环规律,如牟定盆地、天子庙和波河罗等水文地质单元。

4. 地下水水质特征

天然地下水一般透明无色、无味和无嗅,以分子、离子和胶体形式出现,主要化学组分有钙离子、镁离子、钠离子、硫酸根、重碳酸根和氯根。

依据《地下水质量标准》(GB/T 14848—93)中 TDS 的含量对地下水水质进行分类(图 6-23)。TDS≤300mg/L 时为Ⅰ类;TDS≤500mg/L 时为Ⅱ类;TDS≤1000mg/L 时为Ⅲ类,适用于工农业用水和集中式生活饮用水水源;TDS≤2000mg/L,为Ⅳ类,适用于工农业用水和生活饮用水。

根据图 6-23 可知,每个流域地下水的水质特征差异很大。牟定盆地水文地质单元的东部排泄区,Ca^{2+}、Na^+、Cl^-、SO_4^{2-} 的含量都相对较高,其中 Ca^{2+} 和 SO_4^{2-} 含量分别为 130.99~190.18mg/L、496.92~564.47mg/L,水质类别主要为Ⅱ类和Ⅲ类,局部为Ⅳ类。天子庙和波河罗水文地质单元主要为风化裂隙水,主要为Ⅰ类和Ⅱ类水质,阳离子中 Ca^{2+} 含量较高,为 42.20~130.39mg/L,阴离子中 HCO_3^- 含量较高,为 80.53~232.37mg/L,矿化度含量为 269.06~481.85mg/L,地下水就近补给、就近排泄。在吕合盆地水文地质单元的排泄区,HCO_3^-、Cl^-、Mg^{2+} 和 Ca^{2+} 离子的含量较高,分别为 156.45~687.87mg/L、169.51~211.66mg/L、33.50~54.04mg/L 和 42.20~71.80mg/L,矿化度含量为 801.03~907.42mg/L,总硬度较大,主要为Ⅲ类水质。南华盆地、楚雄盆地和广通盆地水文地质单元的盆地中心区域为平原排泄区,SO_4^{2-}、Cl^-、Mg^{2+} 和 Ca^{2+} 含量较高,分别为 294.26~632.03mg/L、127.36~380.27mg/L、33.50~95.14mg/L 和 71.80~278.97mg/L,矿化度在

801.03～1120.21mg/L，总硬度大，主要为III类水质，局部可见IV类。

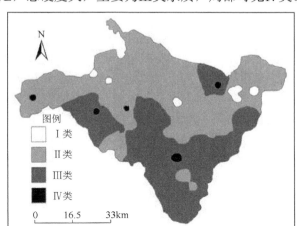

图 6-23　楚雄地区地下水水质分类图

含盐地层中地下水的水质较差，可能有以下原因：楚雄红层含盐地层中普遍含有可溶性的岩盐、石膏和芒硝等，在地下水的溶蚀过程中以离子或络合物形式进入水中；平原排泄区水力坡度小，径流速度慢，地下水处于滞缓带，各离子聚集；城镇区域人口密集，生产生活用水较大，大量开采地下水，使浅层地下水水位下降，深层地下水补给浅层地下水，而深层地下水循环条件差，离子浓度高，导致矿化度和总硬度较大，水质较差。

6.3　基于 GIS 的地下水脆弱性评价

对地下水资源的过度开发利用，导致地下水水位下降甚至水源枯竭，有些地区甚至形成了严重的地下水漏斗。另外，我国的地下水污染呈现出由点到面、由浅到深、由城市到农村的扩展趋势，污染程度日益加深。根据全国 194 个城市监测结果，地下水有不同程度污染的城市占 97%，地下水污染情况加重的城市占 40%；全国 31 个省会（首府）城市（除台湾、香港和澳门中污染情况加重的有 19 个。因此，开展地下水脆弱性评价是确保饮水安全的基础工作（邹君等，2014；Tim et al.，1996）。

基于 GIS 的地下水脆弱性评价是在收集各种地质、水文地质资料的基础上，分析影响地下水脆弱性的因素，利用 DRASTIC 模型初步评价地下水脆弱性，建立地下水脆弱性指标评价体系；利用 GIS 对各种图件和属性数据进行矢量化和数字化，并生成参数分区图，对分区图进行叠加，生成脆弱性评价图（李涛，2004），识别不同地区地下水的脆弱程度、受到污染的潜在风险和脆弱性等级范围，为合理开发、利用和保护地下水资源提供依据（许传音，2009）。

6.3.1　地下水脆弱性评价指标

研究区位于黑龙江省鸡西市。近年来，随着工农业的发展，鸡西市地下水的开采量超过补给量，地下水水位下降，形成了以市中心开采区为中心的大范围降落漏斗，产生了一系列环境地质问题。

参照 DRASTIC 模型（Rupert，2001；Todd et al.，2000），采用叠置指数法（Alberti et al.，2001），选取地下水埋深（D）、净补给量（R）、含水层岩性（A）、土壤介质类型（S）、地形坡度（T）、包气带介质（I）、水力传导系数（C）、土地利用类型（L）、地下水开采强度（M）和地下水水质（Q）10 项指标，建立鸡西市区地下水脆弱性评价指标体系。

水位埋深受气象、地形和水文因素影响较大。鸡西市地下水埋深分布如图 6-24 所示。地下水埋深在 3m 以下的地区主要分布在牤牛河、穆棱河和黄泥河等河流两侧的河谷平原，这些地区的地下水来源于大气降水、基岩山区和山前台地的侧向补给，含水层以砂砾石为主，赋存条件好，水位埋深浅。地下水埋深在 3～5m 的地区主要分布在穆棱河、小穆棱河和牤牛河等的支流或两边离河流较远的河谷平原区，含水层埋深加大。地下水埋深在 5m 以上的地区主要分布在吉祥河、黄泥河上游和城子河的山前缓坡地带，这些地区地形平缓，易于接受降水补给，含水层有碎屑沉积岩，岩石孔隙裂隙发育，受到山区侧向补给，含水层水量丰富。另外，市区北部和西南部的基岩山区、东南部分的玄武岩台地地区，大气降水是地下水的唯一补给来源，含水层埋深普遍大于 5m。

含水层的净补给量等于灌溉入渗补给量与降雨入渗补给量之和。鸡西市灌溉入渗补给有限，净补给量主要来源于降雨入渗补给（降雨量乘以降雨入渗系数）。降雨入渗系数的取值参考《黑龙江省鸡西市水资源调查报告》。利用 GIS 制作的净补给量空间分布如图 6-25 所示。

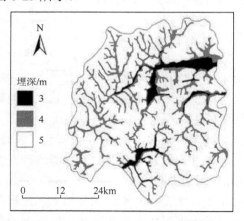

图 6-24　鸡西市地下水埋深分布图

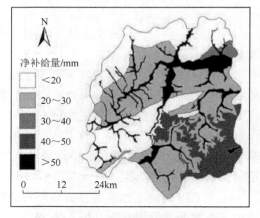

图 6-25　鸡西市净补给量空间分布图

鸡西市底图源于星球地图出版社《中国分省系列地图集：
　　黑龙江省地图集》，审图号：JS（2016）01-140 号

鸡西市区的成土母质主要为基岩风化破碎后的各种冲积物、坡积物和残积物。受地形、土壤母质类型、气候、水文和农业活动的影响，鸡西市区的土壤类型包括黏土质亚黏土、砂质亚黏土和粉砂质亚黏土，其分布基本与地形、地质的分布一致（图 6-26）。

鸡西市的含水层介质主要由各种风化砂岩、砂砾石、玄武岩的孔洞裂隙、低山丘陵区的基岩风化和构造裂隙构成（图 6-27）。砂岩主要分布在市区中部和南部，其上部由于风化作用而产生的风化裂隙是地下水的主要储藏介质。砂砾石含水层主要分布在各条

河流的干支流河谷平原上；少部分分布在山前台地，含水层以亚黏土为主。市区东南部玄武岩台地的地下水主要储存在玄武岩的孔洞裂隙中。其余地区为基岩山区，基岩的构造裂隙和风化裂隙为含水层的主要介质。

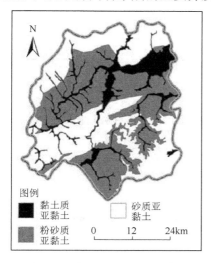

图 6-26 鸡西市土壤介质分布图

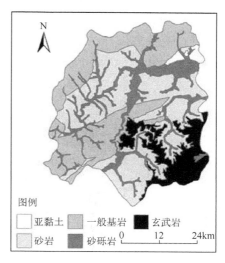

图 6-27 鸡西市含水层介质分布图

根据 DRASTIC 方法，如果地形坡度小于 2°，污染物和降水渗入地下的机会最大，因此赋值为 10。如果地形坡度大于 18°，污染物渗入地下的可能性很小，地下水污染的可能性较低，因此赋值为 1。图 6-28 显示了研究区地形坡度的分布。

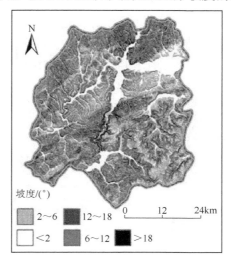

图 6-28 鸡西市地形坡度分布图

参考 DRASTIC 模型中对各种包气带介质评分范围的划分，河谷平原地区包气带介质为砂砾石，评分值为 9；市区南部和中部的白垩系砂岩构造盆地的包气带介质主要为风化砂岩，评分为 6；市区东南部玄武岩台地的包气带介质为孔洞裂隙发育的玄武岩，评分为 4；山前台地包气带介质为亚黏土，评分为 3；市区西部、北部和部分中部地区的包气带介质主要为各种基岩，评分为 2。图 6-29 显示了包气带介质评分的空间分布。

水力传导系数主要根据《黑龙江省鸡西市水资源调查报告》和《论鸡西市城区控制地下水开采的重要性》进行确定。水力传导系数的平均值为 115.3m/d。砂岩广泛分布的构造盆地平均渗透系数为 0.54m/d，基岩、山前台地和玄武岩地区的水力传导系数多小于 1m/d。不同范围的水力传导系数分布见图 6-30。

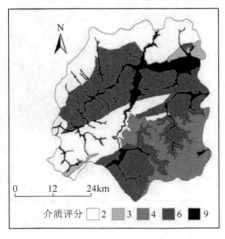

图 6-29　鸡西市包气带介质评分分布图

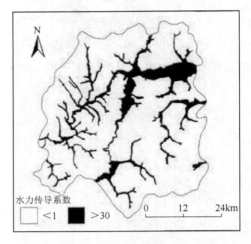

图 6-30　鸡西市水力传导系数分布图

通过对 2008 年鸡西市的遥感图像进行解译，获得了土地利用类型分布图，主要土地利用类型有耕地、林地和城镇用地（图 6-31）。

不同区域的工农业发展水平不同，地下水开采强度也随之变化。根据鸡西市的流域特征和河流水系对地下水开采强度进行分区，并利用 GIS 的面积查询功能求出各分区的面积，得到单位面积上的开采量，即开采强度，为地下水开采强度进行评分（图 6-32）。

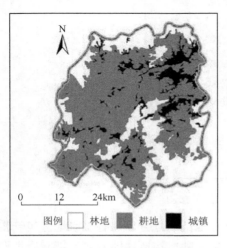

图 6-31　鸡西市土地类型评分图

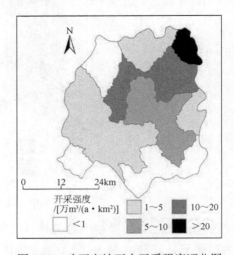

图 6-32　鸡西市地下水开采强度评分图

地下水水质是地下水脆弱性评价的重要因素。根据 2008 年 5 月采集的 27 个地下水水样化验结果和《地下水质量标准》（GB/T 14848—93），利用综合污染指数对鸡西市市区的地下水水质进行等级划分和评价。首先，评价各单项组分，确定质量类别，即地下水水质从 I 类到 V 类分别取值为 0、1、3、6 和 10。其次，根据各单项组分的平均值、最大值和评价指标数计算综合评分值。然后，根据综合评分值和地下水质量级别划分标准，划分地下水质量级别，如 II 类为优良、III 类为较好。评价结果显示，梨树区、麻山区和穆棱河河谷平原一带由于地势相对较低、人类活动较为频繁，地下水水质为 IV 类水；滴道区城区、城子河城区、鸡冠区城区、山间构造盆地和一些煤矿地区由于人口密度大、工业活动多，地下水水质极差，为 V 类水，特别是煤矿地区，其地下水质量级别评价结果均大于 7.2，Fe^{3+} 和 Mn^{2+} 均有不同程度超标。最后，按照水质评价标准，为不同级别的水质赋予不同的分值，根据水质评价等级在 GIS 平台上绘制地下水水质分布图（图 6-33）。

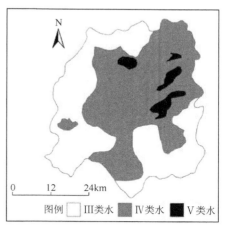

图 6-33　地下水水质分布图

6.3.2　地下水脆弱性评价过程

在 ArcMap 中利用综合指数评价法获得地下水脆弱性评价图（Uddameri et al.，2007）（图 6-34）。由图 6-34 可知，鸡西市地下水脆弱性指数最大值为 267，最小值为 88。各评价单元脆弱性指数分为五个等级：高脆弱性区（213.2～267）、较高脆弱性区（195.4～231.2）、中等脆弱性区（159.6～195.4）、较低脆弱性区（123.8～159.6）和低脆弱性区（88～123.8）。利用 ArcMap 统计各个脆弱区的面积，分析其分布规律（表 6-11）。

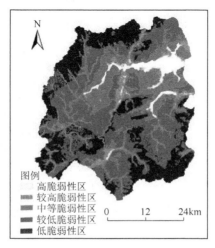

图 6-34　基于综合评分法的地下水脆弱性评价

表 6-11　基于综合指数法的鸡西市脆弱等级面积、占比和分布

脆弱等级	面积/km²	占比/%	分布地区
高脆弱性区	98.71	4.4	穆棱河下游、牤牛河和黄泥河的河谷平原、小穆棱河干流
较高脆弱性区	183	8.3	小穆棱河、穆棱河上游、黄泥河和牤牛河的干支流河谷平原
中等脆弱性区	369.4	16.7	吉祥河、牤牛河支流的河谷平原、穆棱河下游河谷平原两侧砂岩
较低脆弱性区	869.24	39.4	鸡西市中南部的砂岩地区、牤牛河和小穆棱河等河流的支流周围
低脆弱性区	688.1	31.2	鸡西市北部和西部的低山丘陵地区、东南部玄武岩地带

利用模糊综合评价法在 ArcMap 中制作了地下水脆弱性评价图（蔡子昭等，2011；张成才等，2009）（图 6-35）。鸡西市的地下水脆弱性为 0.12～0.86，将地下水脆弱性分为 5 个等级：高脆弱性区（0.71～0.86）、较高脆弱性区（0.56～0.71）、中等脆弱性区（0.42～0.56）、较低脆弱性区（0.27～0.42）和低脆弱性区（0.12～0.27）。利用 ArcMap 统计各个脆弱区的面积，分析其分布规律（表 6-12）。

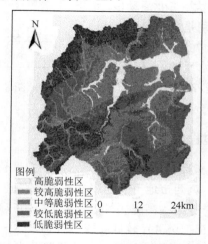

图 6-35　基于模糊综合法的地下水脆弱性评价

表 6-12　基于模糊综合法的鸡西市脆弱等级面积、占比和分布

脆弱等级	面积/km²	占比/%	分布地区
高脆弱性区	130.5	5.6	穆棱河中下游、牤牛河、城子河和黄泥河部分干流的河谷平原
较高脆弱性区	201.1	8.8	穆棱河上游干流和中下游支流河谷平原、小穆棱河、牤牛河、吉祥河干支流河谷平原、黄泥河河谷平原边缘、鸡冠区和城子河区砂岩地区
中等脆弱性区	406	18.4	砂岩地区和穆棱河、小穆棱河、牤牛河、黄泥河等河谷平原两侧
较低脆弱性区	1078.4	49.5	中等脆弱性地区外围的砂岩和玄武岩地区、东北部的基岩地区
低脆弱性区	392.5	17.7	鸡西市北部和西部的低山丘陵地区、东南部玄武岩地带

6.3.3　评价结果对比

将综合指数评价模型、模糊综合评价模型和 DRASTIC 模型所得评价结果中各脆弱性等级占研究区面积的百分数进行比较，以揭示不同评价方法对地下水脆弱性评价结果的影响（表 6-13）（张新钰等，2011）。

表 6-13　三种方法评价结果的面积占比（许传音，2009）　　　（单位：%）

评价方法	高脆弱性区	较高脆弱性区	中等脆弱性区	较低脆弱性区	低脆弱性区
综合指数评价模型	4.4	8.3	16.7	39.4	31.2
模糊综合评价模型	5.6	8.8	18.4	49.5	17.7
DRASTIC 模型	15	1.5	38.4	13.2	31.9

由表 6-13 可知，综合指数评价模型和模糊综合评价模型所得评价结果基本相同，高、较高和中等脆弱性区所占面积比例相差不大，而较低和低脆弱性区在分布上有所差别，但两者所占面积百分比之和基本相同，分别为 67.2% 和 70.6%。DRASTIC 模型的评价结果与前两种方法相比有明显差别，高和中等脆弱性区所占面积明显增大，较高和较低脆弱性区所占面积减小，而低脆弱性区面积与综合指数模型基本相同。

从图 6-34 和图 6-35 可以看出，鸡西市各条河流的干支流是地下水脆弱性高和较高的主要分布地区，其中穆棱河下游干流和牡牛河干流的地下水脆弱性指数最高。这些地区含水层埋深浅，渗透系数大，坡度平缓，人类活动频繁，导致地下水大量开采和水质恶化。中等脆弱性主要分布在靠近河谷平原两侧的构造盆地，这些区域渗透系数小，地下水埋深较大，与河谷平原相比受污染的风险小。低和较低脆弱性地区分布在鸡西市的玄武岩台地和低山丘陵地区，这些地区岩层透水性差，地下水埋深大，地下水只接受降雨补给，人类活动不频繁，地下水开发利用少，水质较好。

6.4　BP 与 GIS 耦合的地下水水质评价

常用的地下水水质评价方法有综合污染指数法、内梅罗污染指数法、灰色聚类法和模糊数学法等。这些方法需事先假定模式或主观规定一些参数，多数需设计各指标的权重及指标对各级标准的隶属函数，主观性较强，不能有效解决水体污染的不确定性和随机性及水质等级与评价因子之间复杂的非线性关系（向速林等，2007）。近年来，人工神经网络的发展和 GIS 强大的空间分析功能为解决这些地下水水质评价中的问题提供了有效的工具。具有误差反向传播算法的多层前馈网络（back propagation, BP）由输入层、隐含层和输出层组成，各层次的神经元之间单向全互联连接，是一种非线性变换单元组成的前馈型网络，但其存在局部最小值、收敛速度慢等缺点（万幼川等，2006）。GIS 空间分析中的地统计分析是通过分析采样数据和采样区地理特征以选择合适的空间内插方法实现数据的可视化表达，其中 Kriging 插值通过对已知样本点赋权重求得未知样本点的值，能在有限区域内对区域化变量进行无偏最优估计。因此，利用 BP 模型和 GIS 相耦合的评价方法，能科学合理地评价地下水水质的分布状况和污染程度。

6.4.1　水质采样及评价指标筛选

研究区位于四川省雅安市雨城区。雨城区位于四川盆地西缘青衣江中游，位于 102º51'E～103º12'E、29º40'N～30º14'N，地势自西南向东北逐渐降低，山地占全区总面积的 91%，平地占 9%，主要是山间盆地和河谷阶地（图 6-36）。全区气候温和，为亚热带湿润季风气候，年平均气温 16.1℃，年均降水量在 1204.2～2367.3mm。

根据雅安市雨城区的地形、地貌、供水工程、饮水水源状况和《地下水质量标准》，2008 年共采集、保存和检测地下水水样 10 个（图 6-37），包括 16 项物理学、水化学、毒理学和细菌学指标：肉眼物、臭味、溶解性总固体、总硬度、硫酸盐、硝酸盐、氯化物、锰、铁、氟化物、Hg、Pb、AS、Cr、Cd 和总大肠菌群总数（田帅等，2012）。对 10 个采集点的 16 项指标进行检测后发现，肉眼物、臭味和氯化物均小于检出限值，而氟化物、锰、总大肠菌群总数、AS、Pb、Cd、Hg 和 Cr 均在Ⅰ级标准水质范围内。因此，最终选取硫酸盐、总硬度、硝酸盐、铁和溶解性总固体共 5 项指标作为水质评价的因素集。

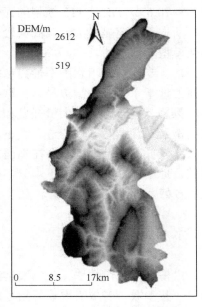

图 6-36　雅安雨城区地形分布

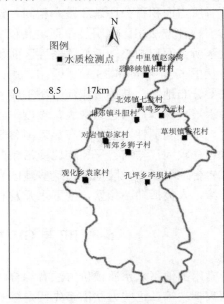

图 6-37　雅安雨城区地下水质检测点

雅安雨城区底图来源于星球地图出版社《中国分省系列地图
集：四川省地图集》，审图号：JS（2016）01-128 号

6.4.2　基于 BP 神经网络的地下水水质评价

为了获得 BP 神经网络的训练样本，Ⅰ类水的分级代表值为Ⅰ类水的标准界值，Ⅱ类水的分级代表值为Ⅰ、Ⅱ类水标准界值的中值，其余依此类推（表 6-14）。

表 6-14　训练输出值（田帅等，2012）

水质等级	Ⅰ	Ⅱ	Ⅲ	Ⅳ	Ⅴ
期望值	0.1	0.3	0.5	0.7	0.9
网络训练后	0.10006	0.29990	0.49971	0.70119	0.89948

输入层的神经元个数为水质评价因子的个数，即取值为 5。输出层的神经元个数为 1，对应水质的分类结果为 0.1、0.3、0.5、0.7 和 0.9。经反复试算，隐层神经元的数目取 9，因此 BP 神经网络结构为 5-9-1。

根据表 6-14 的样本数据对 BP 网络进行训练，对网络训练后的数据进行归一化，控制在[0.1, 0.9]。

$$x' = 0.1 + (0.9 - 0.1)(x - x_{\min}) / (x_{\max} - x_{\min}) \tag{6-15}$$

式中，x 为归一化前数据；$x_{\min}$ 和 $x_{\max}$ 分别为训练样本数据集中的最小值和最大值。

选择 Trainlm 为训练函数、Learngdm 为权值和阀值的学习函数、Tansig 为隐含层传递函数、Logsig 为输出层传递函数、Mse 为性能函数、目标误差为 1×10^{-6}，利用 Matlab 7.0 软件编写相关神经网络函数算法程序，对 5-9-1 网络进行学习训练。经过 4 步训练和迭代，网络的均方误差为 2.2751×10^{-10}，远小于目标误差，网络训练收敛。网络训练后的输出值见表 6-14。

将训练好的 BP 神经网络模型用于雅安市雨城区的水质评价。对 10 个采集点的水质检测数据进行归一化处理后，作为神经网络的输入，得到网络的输出结果（表 6-15）。输出的评价结果分级原则为(0, 0.2]为 I 级、(0.2, 0.4]为 II 级、(0.4, 0.6]为III级、(0.6, 0.8]为IV级、(0.8, 1.0]为 V 级。

表 6-15　基于 BP 神经网络的水质评价结果（田帅等，2012）

评价指标	1	2	3	4	5	6	7	8	9	10
总硬度含量/（mg/L）	252.0	345.0	250.0	567.0	34.0	128.0	176.2	356.2	232.2	196.2
铁含量/（mg/L）	0.20	0.59	0.20	0.20	0.20	0.20	0.20	0.20	0.20	0.45
硫酸盐含量/（mg/L）	90.0	78.0	88.0	453.0	24.0	20.9	22.8	553.0	510.0	25.4
溶解性总固体含量/（mg/L）	300	234	340	204	101	160	174	502	410	202
硝酸盐含量/（mg/L）	20.0	20.0	20.0	20.0	1.0	6.6	0.1	0.5	0.5	11.9
预测值含量/（mg/L）	0.056	0.244	0.057	0.892	0.036	0.041	0.092	0.919	0.992	0.201
评价等级	I	II	I	V	I	I	I	V	V	II

为验证模型的准确性，利用评分法和模糊综合评价法分别对采样点水质进行评价（表 6-16）。评分法过于考虑最严重污染物的污染指数，如样点 2 的 5 项指标中，溶解性总固体为 I 级，硫酸盐为 II 级，硝酸盐和总硬度为III级，铁为IV级，因此评分法将样点 2 的水质定为IV级，使水质结果评价较差。BP 神经网络法综合了各项监测指标，将水质定为 II 级更为客观、合理。模糊综合评价法通过建立和确定因子集、评价集、隶属函数和权重集等模糊集合进行水质评价，考虑水质级别的模糊性，体现了不同评价因子对水质的综合影响，但容易丢失信息而使评价结果不全面。例如，样点 10 的硫酸盐、总硬度和溶解性总固体为 I 级，硝酸盐为 II 级，铁为III级，模糊综合评价法将样点 10 评价为III级，而 BP 网络法评价为 II 级，II 级更为合理。

表 6-16　不同方法的水质评价结果（田帅等，2012）

评价方法	1	2	3	4	5	6	7	8	9	10
BP 网络法	I	II	I	V	I	I	I	V	V	II
评分法	II	IV	II	V	I	II	II	V	V	III
模糊综合法	II	III	II	V	I	I	I	V	V	III

6.4.3　GIS 空间分析法

为了揭示雅安市雨城区地下水水质的空间分布规律，运用 GIS 的 Kriging 插值法对 BP 神经网络获得的水质预测值进行插值，制作了雨城区地下水水质专题图（图 6-38）。

雨城区的西部和南部水质较好，东部水质较差。样点 8 的地下水硫酸盐和溶解性总固体浓度偏高，其中硫酸盐含量高达 553mg/L（Ⅴ类水质硫酸盐的限值为 350mg/L）；样点 9 的硫酸盐含量亦偏高；地下水中高浓度的硫酸盐主要Ⅱ来源于金属硫化物氧化、岩石和土壤中矿物组分的风化与淋溶。样点 4 的东部地区水质总硬度含量高达 567mg/L（Ⅴ类水质的限值为 550mg/L），西部地区（样点 1、3、5 和 10 周围）的水质较好，基本上为Ⅰ级。样点 2 的铁含量偏高，水质为Ⅱ级，样点 6 和 7 的水质为Ⅱ级，达到饮用水水质标准。

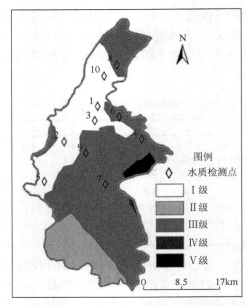

图 6-38　BP 神经网络预测的地下水水质评价等级分布图

可用作饮用水的Ⅰ、Ⅱ、Ⅲ类水总面积达 1024.76km²，占总面积的 96.68%，不宜使用的Ⅴ类水面积为 35.24km²，占总面积的 3.32%。雅安市雨城区地下水水质总体良好，能满足生产生活需要，但局部地区水质较差，亟待解决。

利用 BP 神经网络预测和评价地下水水质，只需要以地下水水质标准为训练样本，达到指定误差要求即可，模型结构简单、自学能力强，评价结果客观、合理。利用 GIS 强大的数据处理和空间分析功能，能直观地反映地下水水质的空间分布规律，为地下水的可持续开发利用提供参考依据。

6.5　地下水污染调查信息系统的开发与设计

6.5.1　系统功能设计

地下水污染调查信息系统的总体目标是实现地下水污染调查数据的录入、制图、查询、管理和评价等功能（蔡子昭等，2013；王乾等，2008）。系统进行模块化设计，主要功能模块如图 6-39 所示。

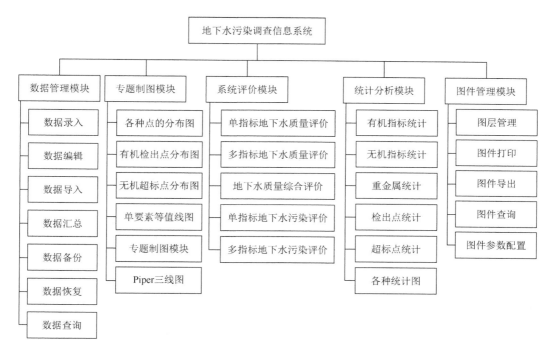

图 6-39　地下水污染调查信息系统功能模块结构（蔡子昭，2013）

数据管理模块通过数据库技术实现地下水污染调查数据的录入、查询、更新、维护、导入和导出等功能。专题制图模块通过多种查询条件完成调查点（污染源、地表水点、水源地和采样点）、超标点、检出点和污染物浓度等分布图的制作。系统评价模块主要包括内梅罗指数法和模糊数学方法。统计分析模块实现数据的统计分析和统计图表的输出。图件管理模块主要管理专题图（刘银凤等，2006）。

6.5.2　系统开发设计

采用面向对象的程序设计方法，以 Microsoft SQL Server 2000 作为开发后端的数据库，GIS 平台开发使用 MapGIS 软件，软件系统开发采用 VC 6 ++语言，结合 Delphi 组件技术和 ActiveX 控件技术实现。

1. 系统数据库设计

在进行数据库设计时，通过检查约束性保证数据录入的正确性；采用主外键保障各个数据表格之间联系关系的正确性；调查点属性表采用触发器以管理各种调查点的不同类型，方便后期的检索和查询（张卫等，2000）。

地下水污染调查的数据包括空间数据和属性数据两部分，空间数据描述地下水污染因素的空间方位，属性数据描述影响因素的基本特征。一个图元的属性信息可以用一个属性表表达，也可以关联多个属性表（图 6-40）。图中"1∶n"表示数据表记录的一对多关系。

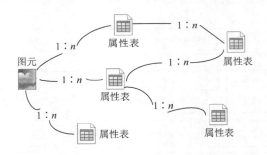

图 6-40   图元与属性的关联关系

依据地下水污染调查规范，地下水污染调查数据库的调查表包括水文地质点、工矿企业排污、地表水、入河排污口、水源地、污染源、野外取样、垃圾场、水位和岩土样品等，还有水质分析、土工试验、有机污染分析和土壤污染分析等成果表。数据表关键字采用点图元唯一编码加上日期，取样数据的主键和外键关键字采用点图元编码加上样品编号。

图元编码作为属性数据库的主键，是图元的唯一标识编码。编码方案采用 17 位数字的复合式坐标方式（图 6-41）。

图 6-41   数据库点图元编码方案（蔡子昭，2013）

2. 系统主界面设计

界面设计主要是为了让用户简单、方便地使用系统。主界面左侧通过目录树管理各种属性表和图层，点击目录树的属性表或图层名称，在主界面右侧显示相应的内容。通过主界面的菜单栏调用各个模块，工具栏布局系统常用的模块。属性表数据采用卡片格式进行录入，在浏览查询时采用二维表格方式进行显示，专题图生成采用目录式管理模式。图形主界面采用上下分式的窗口显示，上边窗口显示当前图层和底图，下边窗口以二维表格形式显示对应图层的属性表。

3. 数据管理模块设计

数据管理模块主要实现数据的录入、查询、编辑、删除、打印和输出等功能。系统设计时，要保证数据录入、采集和编辑等过程的数据完整性和正确性。编辑框控件、线形控件等从基类开发，以实现报表填写、卡片编辑和所见即所得的数据编辑窗口。

4. 专题制图模块设计

专题制图是按照用户需求，利用数据库中的空间数据和属性数据制作各种分布图、等值线图等。专题制图模块首先从数据库中查找相关的数据记录，或者不进行相应的查询而按照全部数据进行制图，然后针对相关数据进行计算和分析，形成计算结果的临时表，按照选定数据指标通过人机交互进行专题图件动态分级的相关设置，包括填充图案、颜色和图元符号等，最终生成操作者需要的图层，并加入到图件目录树以进行统一的管理。

5. 系统评价模块设计

系统评价模块主要是通过污染调查的监测数据评价地下水质量和污染情况。地下水质量评价过程主要是基于《地下水质量标准》（GB/T 14848—93），建立评价指标体系，选择评价方法，包括单因子评价法、内梅罗综合指数法和模糊数学评价法等，生成评价结果分布图，依据地下水水质标准进行地下水质量分区。系统评价模块的设计原理是从数据库中查询出参与评价的点，选择系统已定义或自定义的评价方法，打开相应的评价窗口表单，为其配置相应的评价指标，然后调用相应的数据进行计算，并以表格或地图形式显示出评价结果，也可以依据查询结果进行制图、统计和打印等。单点评价也可采用克立金插值法将空间中离散的水质取样点生成面状地图。

6. 统计分析模块设计

统计分析模块包括地下水有机指标的检出统计、无机指标的超标统计、重金属检查统计和统计图制作等，也包括评价结果的统计和统计图表的生成。最终生成的统计表格和统计图表都可以直接打印输出，文档可以用 Word 或 Excel 文件导出，统计图可以 bmp 或 jpeg 图片格式输出。

7. 图件管理模块设计

图件管理模块主要是管理制图和评价模块操作中生成的专题图件，包括图层的打开、关闭、删除、查询、导入和导出等功能。在系统中以目录树方式实现图件管理，系统制作的图件会自动加载到目录树中，通过点击目录树对应图层的右键菜单实现图层的打开、删除和关闭等功能。

综上所述，地下水污染调查系统利用计算机、数据库和 GIS 等技术，以 MapGIS 二次开发动态库和 SQL Server 2000 为基础，采用 VC++开发，实现了地下水污染调查数据的采集和管理、地下水质量和污染的评价功能，极大地提高了专业人员的工作效率，具有良好的经济效益和社会效益。

第7章　饮水管网地理信息系统

本章阐述了饮水管网地理信息系统，分别论述了城市供水管网地理信息系统、基于二三维一体化的城市给水管网系统、水务管网综合管理系统、供水管网巡检养护系统、供水管网信息采集与管理系统、供水管网水力模型拓扑结构更新、输配水系统规划和人畜饮水管网地理信息系统的总体架构、功能模块设计、数据库设计、系统功能实现、最优管径和最优管网设计等。

7.1　饮水管网地理信息系统概述

饮水管网地理信息系统融合地理信息系统、数据库和计算机图形学于一体，连接管网位置信息和属性信息，对饮水管网数据进行采集、存储、处理、分析、显示、查询、管理、维护和更新，实现对饮水管网系统的各种辅助决策（李恒利等，2013）。

7.1.1　饮水管网地理信息系统开发案例

随着 GIS 技术的不断成熟，饮水管网地理信息系统在国内各大城市得到了广泛的应用（史义雄，2005）。现列举几个开发案例。

1. 广州市供水管网信息系统

广州市供水管网信息系统利用 SICAD/open IMS（internet map system）和 Oracle 软件建立数据库和 Web 服务器，实现了目标检索、查询统计、坐标量算、图层管理和关闸方案等主要功能。

目标检索可按地名查询管网设备，地名选择好后，系统高亮显示该地名位置附近的管网和地形信息。查询统计功能是用户在主图上点选或框选管网设备（管段、阀门和消火栓等），系统即可输出设备的安装单位和安装日期等属性信息。坐标量算功能常用于管线长度和阀门绑点距离计算，实现折线长度量算和两点测距等功能。图层管理使用户方便制作不同专题图、浏览所需目标、任意打开或关闭相应图层及在指定比例尺范围内显示各图层。关闸方案是系统根据鼠标所单击的管线爆漏点显示出受影响的管段、地区和所有应关阀门，给出关闸方案，输出关闸图、关闸报表和影响的用户信息，向受影响的用户发出停水通知。如果所有应关阀门不能关闭止水，扩大关闸范围。该系统通过 WebGIS进行网上浏览，查看最新的停水信息和管网信息等。

2. 南京市供水管网地理信息系统

由中国人民解放军理工大学和南京市自来水公司共同开发的供水管网地理信息系统采用客户机/服务器模式，以 SQL SERVER 为数据库平台，以 MAPINFO 为图形处理平台，综合管理模式和图形数据，实现竣工资料的计算机录入、管网资料档案的科学管理和对资料的统计、查询和爆管分析等（韩超，2013）。

基于 GIS 的南京市供水管网地理信息系统以 1/500 电子地形图为基础图，涵盖了南京市自来水公司管辖的江南地区所有设施、用户水表和从 DN1800 至 DN15 的所有管线，可以计算、分析和决策口径为 DN75 管线的爆管，建立了一套管网全要素符号库，实现了矢量化地形图和管网图的全要素等比例缩放和精准化管理。

系统主要包括五大功能：管网录入、图档管理、查询统计、日常台账和抢修决策。管网录入模块主要录入各种数据、矢量化管网要素图形（节点、管线、阀门、消防栓和水表等）、绘制和编辑曲管、三通、四通等管件符号。图档管理模块主要是管理各种基础图形，注册和注销 1/500 栅格图与竣工图，浏览、统计、查询和打印输出各种图件。查询统计模块可以按口径、地址和图幅号等管网要素属性进行分级查询和多重查询，也可以准确地查询定位管网要素，并提供多种统计方法。日常台账模块包括定期维修管理、日常维修管理和接水工程管理 3 个台账，实现相应的查询、编辑和统计功能。抢修决策模块可依据故障位置计算停水的管段，找出要关闭的阀门，确定受影响的用户，根据管网图确定决策阀门、管线和封闭区（郑苏娟等，2001）。这些功能模块实现了科学有效的管网图形管理和规范化管理，提高了工作效率。

3. 绍兴市供水管网管理信息系统

绍兴市供水管网管理信息系统以武汉中地公司的 MAPGIS 为平台，以 SQL Server 数据库为后端，以 VC 为开发语言，基于 C/S 结构组建网络方案。系统提供了管线的图形属性编辑工具和多种管线数据录入方式，包括扫描矢量化、数字化和数据转换等，可以建立管线网络中的管点、管线的拓扑关系以及与管线元素相关的属性数据库。系统也提供了量算、自动标注、水力计算、管网设计、数据库管理和打印模板设置等实用工具。

地形图库管理功能将点、线和区三种图元建立成地形图或将其他数据转换成图，实现地图的分幅存放、分图拼接和跨图幅查询。综合管线辅助设计功能主要是管理和生成竣工图、设计图、轴测图和管线材料统计表，提供灵活多样的标注和绘图工具，将竣工图融入现状饮水管网，有利于综合管网的局部设计。海量数据图库管理功能实现了图形的自动入库、任意检索和无延时漫游等；专业数据库管理功能实现了外业数据的点线融合建网成图和自动建网成图等多种成图方式；数据库权限管理功能实现了数据库的权限控制，并能按权限定制界面；事故处理功能可以快速、准确地依据爆管位置提供关阀方案和二次搜索。

7.1.2　饮水管网地理信息系统存在的问题

饮水管网地理信息系统面向饮水管网的各个方面，功能日益完善，应用越来越广泛，越来越深入。但不可否认，这些系统还存在一些亟待解决的问题。

（1）数据格式比较单一，系统兼容性不强。虽然有的系统支持多种数据格式，但在数据格式转化时往往造成数据变形和丢失；系统难以与其他系统共享数据，致使多个系统间的数据不一致。

（2）综合分析和决策支持能力弱。多数系统只实现了部分空间分析功能，系统综合分析能力弱，难以从具有海量的空间数据库中挖掘有用的信息进行辅助决策。

（3）与日常工作流程结合度不够。地图和空间数据的管理功能较强，地理实体属性数据往往作为辅助手段。而实际工作中的各种属性数据（相关设施、各种管线、工作记录、资产查询和月报年报）的管理往往占有很大比重，使得管网管理与日常工作脱节。

（4）缺少动态记录管理。由于城市管网在不断地更新和规划，管网数据也在不断地发生变化。目前的饮水管网地理信息系统往往重视当前管网普查数据的静态管理，不能及时更新数据库，缺乏对不同时段内管网变化的动态管理。

7.2　城市供水管网地理信息系统的设计与实现

7.2.1　系统总体架构

系统总体架构依照 WebGIS 的开发模式进行设计，采用 B/S 和 C/S 相结合的网络结构，B/S 结构主要应用于供水管网图形的浏览、查询和统计，C/S 结构主要应用于管网信息的录入、更新、维护和分析（于志斌，2015；朱晓红等，2004）。系统架构分为数据层、管理层和服务层（图 7-1）。

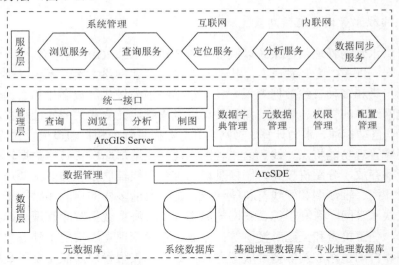

图 7-1　系统架构（修改自于志斌，2015）

数据层位于底层，主要利用 ArcSDE + Oracle 管理和发布元数据、系统数据、基础地理数据和专业地理数据（李玉华等，2005）。管理层提供大量的配置和管理工具，以及基于 ArcGIS for Server 的 GIS 功能模块，管理数据字典、元数据、权限和各种配置，通过规范的接口向服务层发布应用功能，通过 ArcGIS for Server 向数据层请求数据服务，实现个性化的 GIS 应用服务。服务层通过设定和部署所有要求规范的逻辑，负责客户业务逻辑，进行管理服务、定位服务、浏览服务和制图打印服务等；服务层面向系统维护（用户管理、数据库管理、权限控制和系统日志等）、基于 Intranet 的客户应用（供水管理部门内部的管网资料建库、统计、查询和分析等）和基于 Internet 的客户应用（从供水管理人员到一般公众的管网信息查询）。

7.2.2　系统功能模块设计

系统功能模块结构见图 7-2。

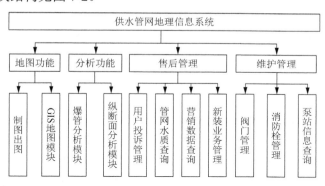

图 7-2　系统功能模块（修改自于志斌，2015）

制图出图模块主要是保存地图显示结果，并记录数据表图片信息。GIS 地图模块实现 GIS 的基本操作，包括缩放地图、全图、撤销、恢复、测量、查询、卫星图和测绘图转换等，支持全站仪、数字化仪、扫描仪和电子手簿等输入成图。爆管分析模块主要管理（录入、检索、查询和空间定位）故障停水和计划停水，制定、保存和调用关阀预案，创建停水通知单和阀门操作单。纵断面分析模块通过点击表单或地图中某个管道，依据管道周边地形数据生成纵断面图，可依据当前管道的 ID 查询管道纵断面信息。用户投诉管理模块提供投诉点定位存储工具，查询自定义空间分布和投诉类型条件，生成统计分析结果，制作不同类型投诉点专题图。管网水质查询模块提供水质点的定位和查询功能，浏览水质点历史信息，绘制水质分布专题图，显示历史曲线和报表等。营销数据查询模块可通过空间选择用户位置，查询历史数据和区域用水量，根据区域用水量和售水量分析区域产销差。新装业务管理模块提供新装业务的管段和水表位置等草图的绘制，通过接口将草图数据上传到业务报装系统中，通过目录树方式来选择、查询、定位和统计新装业务信息和属性信息，制作新装业务的空间分布图。阀门管理模块可对阀门的启闭状态、维护、巡检和操作信息进行逻辑查询和空间查询，并进行阀门卡的展示和管理。消火栓管理模块维护消火栓卡、状态、冲水排放、维护信息记录，对消火栓信息进行逻辑查询和空间查询。泵站信息查询模块管理和查询水厂和泵站的地址、名称、联系电话和实景照片等属性信息，显示泵站内部的工艺流程图和管网布置图（胡学斌等，2010）。

7.2.3　数据库设计

数据库是整个 GIS 系统功能实现的基础，支撑上层架构的逻辑运行，直接影响所有模块的效能、客户体验和后期维护（赵新华等，2002）。饮水管网是由管网设施和管道组成、多呈环形或树状分布的系统，管网设施控制水量供应和水流流向，管道连接每一个设施并延伸到每一个用户。将饮水管网抽象为具有空间拓扑关系的一个网络，设备设施代表节点，弧段代表管网线段，节点之间通过弧段相互作用。因此，饮水管网地理信息系统可利用 Geodatabase 为数据模型，利用 ArcSDE 管理图形数据，将数据存储在空间数据库中。表结构、数据模型和数据逻辑对象的命名参照数据库管理与设计标准中的命名规范，如单位拼音缩写代码+ "-" +系统代码，图形库命名为 LG_GIS_SDE，权限管理库命名为 LG_GIS_AUTH。

空间数据库由现状供水管网数据、设计供水管网数据和基础地理数据组成。现状供水管网数据包括废弃管网、阀门、管段、水表、消防栓、堵头、排水阀、排气阀、测流点、测压点和加压泵站等（Yan et al., 2009）。设计供水管网数据是规划设计的结果，便于方案的修改与查阅，作为管网竣工的验收依据。基础地理数据包括基础地形图、索引图和分幅图等。

属性数据库主要由供水管网属性数据、管网维修信息和系统信息组成。供水管网属性数据主要包括管线（管线编号、坡度、管材、管径和埋设日期）、管点（管点编号、埋深、管点坐标、地址、高程和节点类型）、阀门（阀门编号、阀门类型、阀门坐标、高程、埋深、地址、规格、型号和厂家）和水表（接水点编号、用户编号、水表类型、用户类型、用水量、位置、口径和安装日期）。管网维修信息主要包括维修计划、问题报告、维修起止时间、维修方案、维修单位及负责人、维修状态和维修结果等信息。系统信息主要包括用户信息（用户名、用户组和用户权限）和系统日志（登录时间、相关操作）。

7.2.4　供水管网地理信息系统的实现

供水管网地理信息系统的实现包括以下几个方面。

（1）图形浏览和输出。可以对窗口地图进行动态无级缩放、中心缩放、框选缩放、漫游、刷新、前一视图、后一视图及全图显示等。比例显示设置功能通过直接输入窗口比例数据（如1∶2000），图形要素以当前窗口中心点为参考同步缩放。系统可以将当前窗口的地图转换成其他格式的图形文件（*.bmp、*.emf 和*.jpg）进行输出。

（2）图层管理。分层管理基础地理数据、管线和管网附属设施。用户可选择性地载入特定的图层（图7-3）。管网图层载入图层信息窗口中后，图层名、图层符号和图层信息将在窗口中显示。用户可以通过图层名前的复选框控制图层的显示和隐藏（图7-4）。图层符号显示了该图层的图层类型是点状、线状或面状图层，如图7-4所示，消火栓、水厂、阀门和水表为点图层，给水管线图层为线类型，基础地图和索引图则为面类型。鹰眼窗口显示了当前系统窗口中的图形在整个地图中的方位（图7-5）。

图7-3　图层设置对话框

图7-4　图层信息窗口

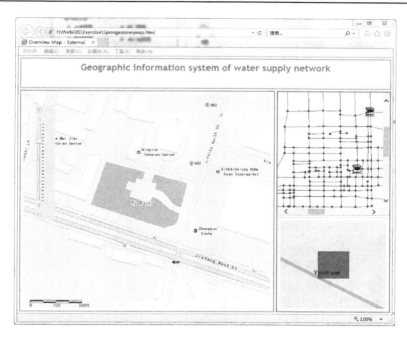

图 7-5 鹰眼窗口

（3）查询统计。系统支持三种查询方式。①点击查询。用鼠标单击设施点或管段，显示其基本信息。②框选查询。按照用户框选区域查询管网信息。③属性查询。给出一定的属性条件（街道、管径、管材、图号和年代等），高亮度显示查询到的图形元素的基本属性，点击属性列表中的某条记录，可以定位到其对应的图形元素，属性列表可以打印输出。例如，查询管径在 100mm 和 500mm 之间的管线，查询结果将显示在控制窗口中（图 7-6）。单击"导入 Excel"按钮可以将查询结果导入到 Excel 中，转存为 XLS 格式的文件。

（a）管径查询

（b）管径查询结果

图 7-6 按管径查询及查询结果

（4）测量标注。可方便地在地图上连续测量地理要素的距离和面积，并在窗口左下角的状态栏中显示测量结果。可以在地图上标注单个管点、单根管线的属性信息或者多条管线的覆土深度等（图 7-7）。

图 7-7　管线属性标注对话框

（5）断面分析。利用 GIS 的空间分析功能对管线资料进行信息挖掘，生成指定管线的纵剖面和横断面图，可对断面进行放大、缩小、平移和打印输出，为新管设计敷设和旧管更换改造提供辅助决策。用户可在任意连续管段绘制纵剖面图，在图上可标注管线的材质、口径、高程和埋深等属性。用户可以在地图上的任意地点用鼠标绘制横断面的一条直线，系统通过计算生成横断面图，并在图上标注管线的材质、口径、埋深、高程、年代和间距等属性。

（6）事故分析。管线某一位置发生事故时，系统调用网络分析工具进行关阀搜索，自动查询事故点周围需要关闭的阀门。用户可将结果导入 Excel，作为管网维修部门关阀抢修的依据（史义雄，2006）。

（7）数据维护。为确保数据的准确性，有必要严格控制数据的更新流程。设计人员、维修人员和管理人员等对管网数据都有一定的权限进行编辑，但编辑后的管网数据存储在一个中间数据库中，经过供水管理部门信息中心的校对人员校对后，才能提交给部门领导审核，审核通过后，校对人员可将中间数据库中的数据存储和更新到图形数据库中。

（8）安全管理。系统将用户分为三类。普通用户拥有管线查询和检索权限；高级用户拥有管线查询、检索、编辑、数据入库和管网分析等权限；系统管理员除了拥有高级用户所有的权限外，还可以创建用户、更改用户级别和维护数据库。

用户利用用户名和用户密码登录系统后，用户密码通过加密存储在数据库中，系统将自动检测该用户的级别，通过菜单项过滤给出相应的操作界面，配置该用户的使用权限，确保信息的安全。

综上所述，城市供水管网地理信息系统采用 Oracle 9i + SDE 的技术模式，将空间数据和属性数据存放在 GeoDatabase 中，实现图文一体化管理。可以向数据库系统中添加和更新相关数据。系统避免了图幅纠错和图幅拼接问题，提供了数据备份和数据恢复功能。用户必须具有授权的账号、密码才能登录系统，通过菜单项过滤，不同级别的用户只能进行权限范围内的操作。

7.3　基于二三维一体化的城市给水管网空间分析

城市给水管线既有管型、管径、管长和管材等属性特征，又有起始点位置和埋深等空间特征。给水管线由给水管点进行连接，并以水的流向反映管线的真实走向，是一个有向网络图。而 GIS 具有强大的管理、采集、处理、显示和分析城市给水管网的空间信息与属性信息的能力。城市给水管网在 GIS 平台上可分别以二维视图和三维视图进行显示，并可进行网络分析。二维数据在宏观表达方面具有明显的优势，但不能够很好地表达饮水管线的布设情况；相反，三维视图具有较强的管网布设、拓扑关系和空间关系表达的能力。因此，结合二三维可视化的优势，实现基于 GIS 的城市给水管网二三维一体化可以使空间分析及其结果在二三维两种视图中同时进行和显示（李海荣等，2015）。

7.3.1　数据库构建

城市给水管网工程数据库主要包括基础地理信息、管网的属性信息、动态信息和三维场景信息（常魁等，2010）。二维数据库的数据主要来源于管网实时监测、调查统计和 GIS 软件的矢量化；将获取的数据存储在 File Geodatabase 的 Feature Class 中，用 Oracle Spatial 统一存储和管理空间与属性数据，构建数据键字段关联属性数据和空间数据，以减少数据冗余，增强数据操作的简易性和管理的灵活性。三维数据库主要包括饮水管网、建筑物、道路、河流、湖泊和草地等空间数据。三维地理要素模型主要利用 SketchUp 平台进行构建，用 ArcEngine 的 Imultipatch 接口以多片形式统一管理管线要素类的 Shape 字段，以符号化形式渲染管点，并保存在 sxd 文档中或导出为 3ds 格式文件。

7.3.2　系统功能设计

充分利用 GIS 二三维一体化的优势，在二三维视图中同时对饮水管网进行空间分析并显示分析结果。二三维一体化包括地图缩放、平移、全图、查询、量算、定位和统计等基本功能，还包括对给水管网的空间分析功能，如缓冲区分析、爆管分析和净距分析等。系统的体系架构如图 7-8 所示。

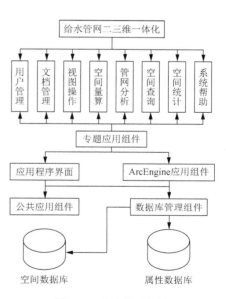

图 7-8　系统体系架构

（1）查询功能。城市给水管网查询模块提供属性查询、截面查询、管点查询和错误查询等。属性查询是根据管网节点或管线的属性值查找图形上的空间特征，并将查询结果在地图上高亮显示；截面查询是在地图上画一条直线，显示与该直线相交的所有管线属性信息；管点查询是根据管点属性的字段条件显示出符合条件的管点信息；错误查询是筛选出所有不符合要求的管点和管线，并在地图中高亮显示，为后期批量更换这些管网设施提供决策支持。通过二三维管网信息查询的联动，可以在二维和三维视图中分别显示查询结果，使用户全面了解给水管网的真实情况。

（2）断面分析。管线纵断面分析是为了获得一定范围内某方向上管网设施的纵深位置关系，在二三维视图上展示相互连通的管线走势。管线横断面分析是在二三维视图中绘制一条直线，生成一个断面，显示与该断面相交的饮水管线的空间分布状况以及管线的管径、间距和埋深等属性信息。

（3）爆管分析。饮水管网发生事故时，系统自动分析相关的管线、阀门和用户信息，查找应该关闭的阀门，提出关阀方案（胡新玲等，2007）。爆管分析算法设计如下：在地图上确定爆管事故发生位置，查找该位置所在管段，以该管段的两端点为起始节点分别进行搜索，判断该节点是否为可用阀门，如果是，判断该阀门是否在关闭阀门集中，如果不在，将其加入关闭阀门集中，并停止该方向的搜索，将该节点加入已访问节点集，判断其是否为终点，如果是，则停止该方向的搜索，转而搜索其他相邻节点，判断此节点是否为可用阀门，直至所有相邻节点搜索完毕（杨姗姗，2005）。利用 ArcEngine 的网络分析功能动态模拟管理部门到爆管事故点的最优路径（荆平等，2007）。

（4）碰撞检验。碰撞检验是在分析与某条管线可能发生碰撞的管线之间的垂直和水平净距之后，与国家标准进行比较，确定两条管线是否有碰撞。碰撞检验的净距计算是为了确定一定区域内两条管线之间的空间位置关系，即判断其是否相交，如果相交，则计算其垂直净距，否则计算其水平净距。

总之，充分利用 GIS 技术的二三维表达优势，实现二三维视图联动的空间分析，增强了可视化效果，为爆管事故处理提供逼真的场景。

7.4 基于 GIS 的水务管网综合管理系统设计与实现

7.4.1 系统整体框架设计

基于 GIS 的水务管网综合管理系统是在计算机硬件、软件、关系数据库和网络的支持下，利用 ArcGIS Server 和 ArcEngine（AE）技术实现对水务供水管网及其设施的空间和属性信息进行远程输入、编辑、统计、查询、空间分析、输出和更新维护的计算机管理系统（王拓，2010）。系统包括 GIS 服务器、AE 开发的独立 GIS 程序和基于 ArcGIS Server 开发的 WebGIS 程序，实现数据服务、数据管理和分析、网络查询分析等功能（吴科可，2014）。系统总体架构如图 7-9 所示。

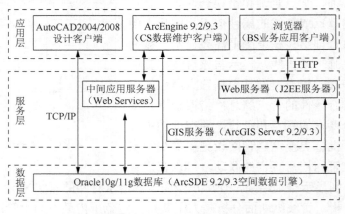

图 7-9 系统总体框架（修改自吴科可，2014）

系统采用 Browser/Sever、Client/Server 和多层结构兼容的结构，包括 Web 服务器、数据服务器、GIS 服务器和客户端浏览器。管线的生产、维护和调度等部门需要对管网数据进行查询、更新和分析，宜采用 C/S 结构；一般的数据浏览部门，通常采用 B/S 模式访问已经公开发布的信息。服务器通过网络交换机连接多个客户机（武强等，1999）。数字化仪、扫描仪、绘图仪和打印机等外设可连接到网络（局域网和广域网）或主机。

C/S 结构主要应用基于 AE 的组件 GIS 技术开发，实现空间数据的输入、查询、编辑、处理、统计、分析、制图、更新、维护和生成报表等功能（祝玉华等，2008）。利用 ArcSDE 将所有管网的空间和属性数据统一存储在关系数据库里，GIS 服务器是 ArcObjects 对象的宿主，为 WebGIS 程序提供查询和分析等功能。B/S 结构主要应用 ArcGIS Server 技术开发，面向所有业务应用及地图浏览用户，对客户端的用户数目没有限制，只需要普通的浏览器即可，对网络也没有特殊要求，主要实现图形与属性数据的地图浏览、检索和查询功能。

7.4.2　系统模块设计

管网综合管理信息系统总体模块设计如图 7-10 所示。

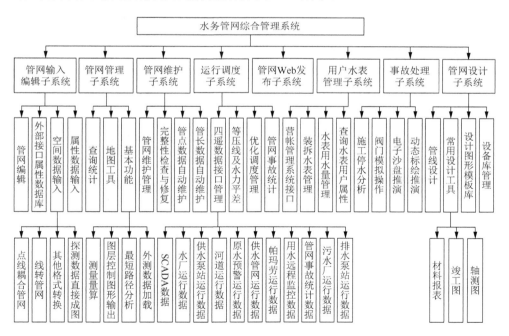

图 7-10　水务管网综合管理系统总体模块结构（修改自吴科可，2014）

水务管网综合管理系统有 8 个功能子模块，包括管网的输入编辑、管理、Web 发布、维护、设计和运行调度以及用户水表管理和事故处理。管网输入编辑子模块包括管网编辑、属性数据输入、外部接口属性数据库、线转管网、探测数据直接成图、其他格式转换和点线耦合管网等；管网管理子模块包括地图工具、查询统计、测量量算、外测数据加载、图形输出、最短路径分析和图层控制等；管网维护子模块包括管网维修、完整性检查与修复、管点坐标自动维护和管长数据自动维护等；运行调度子模块包括优化调度管理、等压线自绘及水力平差、管网事故统计、四遥数据接口管理等，其中四遥数据接口管理包括水厂运行数据、SCADA 数据、河道运行数据、供水泵站运行数据、供水管网运行数据、原水预警运行数据、帕玛劳运行数据、管网事故统计数据、用水远程监控数据、排水泵站运行数据和污水厂运行数据；用户水表管理子模块包括水表用水量管理、装拆水表事务管理、营帐管理系统接口和查询水表用户属性等；事故处理子模块包括阀门模拟操作、施工停水分析、动态标绘推演和电子沙盘推演等；管网设计子模块包括管线设计、设备库管理、设计图形模板库、轴测图、竣工图和材料报表生成等。

近年投入使用的管网一般都有 CAD 格式的数据，可将其直接转换为 shapefile 格式，并进行投影变换等处理，最后输入数据库。建设年代较早的管网一般只有纸质图纸，因此输入数据库的矢量数据只能通过手动数字化得到。地理底图数据主要采用 shapefile 格式的地理基础数据；需要更新的地图数据，可在"外测数据加载"模块中完成。属性数据的输入主要是根据纸质或电子档案录入各管网设备对应的属性。

数据输出是地理信息处理业务结果的最终表现形式，包括图形数据和属性数据的输出。图形数据可分别以矢量图、栅格图和各种专题地图的形式直接输出到屏幕、打印设备或图像处理软件和 GIS 软件所支持的格式。爆管影响用户、查询统计结果等属性数据可分别以报表、图表和直方图等形式输出到屏幕、打印设备和 Excel 等软件所支持的数据格式。

7.4.3　数据库概念模型设计

由于供水管网的数据量大、结构复杂，因此拟选择 Geodatabase 进行建库。管网综合管理系统数据库的概念模型采用实体-关系（E-R）模型（图 7-11、表 7-1 和表 7-2）。

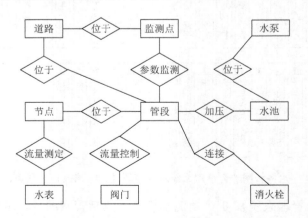

图 7-11　E-R 模型图（修改自吴科可，2014）

表 7-1　阀门数据分析表（吴科可，2014）

字段 ID	字段名称	字段类型	字段长度	小数位
1	阀门编号	字符型	12	—
2	图幅号	字符型	12	—
3	阀门口径	数值型	12	0
4	所在管段	字符型	12	—
5	坐标 X	浮点型	8	3
6	坐标 Y	浮点型	8	3

表 7-2　水表数据关系表（吴科可，2014）

字段编号	字段名称	字段类型	字段长度	小数位
1	水表编号	数值型	20	0
2	所在管段	字符型	12	—
3	安装日期	字符型	12	—
4	生产厂商	字符型	20	—
5	坐标 X	浮点型	8	3
6	坐标 Y	浮点型	8	3

7.4.4　管网水力模型

管网水力模型可以模拟管网正常运作或出现故障时各管段处的水压。管网水力模型是在模拟关阀模型的基础上，利用回路方程和节点方程算法，进一步将管网简化和抽象为由管段和节点组成的网络模型。模拟关阀模型是将管网抽象和简化为阀门、管段、开口等元素，赋予工程属性，并对各图形元素进行编码，其算法设计如图 7-12 所示。管网水力模型算法设计如图 7-13 所示。

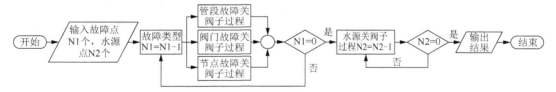

图 7-12　模拟关阀模型算法（修改自吴科可，2014）

图 7-13　管网水力模型算法（修改自吴科可，2014）

7.4.5　系统功能实现

1. 管网输入编辑子系统

管网输入编辑子系统提供供水管网的图形属性编辑工具，可通过手工和网络输入供水管网各组成成分的属性数据和对外业探测的供水管网空间数据，构造网络拓扑关系，建立与网络元素相关的属性数据库，也可外挂数据库进行大数据量的输入。空间数据除了由键盘或其他外部移动设备输入外，还可由空间数据库或电子簿读入，也可由其他格式数据转入。属性数据除了利用键盘进行输入外，也可将 Excel 等类型的数据直接导入。

（1）管网编辑模块。此模块既可以对文本进行撤销、重做、复制、粘贴、剪切、删除和全选等编辑，也可以创建、绘制、删除、修改、查询、更新管线和管点等管网数据，其中绘制的图形包括直线、折线、弧线、多边形和圆等。

（2）外部接口属性数据库。基本数据库主要存储数字化的管网图形，包括各种口径的管道、阀门、水表和消防栓等。利用"统一编号"将外部 SQL Server 数据库与基本数据库进行连接，保证数据的可靠性。外部数据库也可以导入栅格数据和矢量数据，其中可导入的栅格数据格式有 TIF、JPG、IMG、BMP 和 ECW 等，矢量数据格式有 SHP、DXF、E00、MIF 和 DGN 等。

2. 管网管理子系统

管网管理子系统提供了各类常用和自定义的 SQL 数据查询、分析、浏览、报表统计和打印功能，可以分类统计管线信息的图元总数、某字段或分类的总和、最小值、最大值和平均值等，统计结果保存在表格数据缓冲区中，输出各类报表、直方图、饼图、柱状图和专题图等。主要功能模块如下。

（1）查询统计。可以根据空间、条件和地名等分别查询，也可按匹配度模糊查询，实现图形和属性的双向查询。可以对管网的管线、节点和设备分类进行统计，并以 EXCEL 或者柱状图形式显示和导出统计结果。添加了反馈与建议功能，收集用户对错误的管网数据的反馈建议，并及时修正。

（2）地图工具。其包括地图漫游、缩放、平移、点选、框选、鹰眼、标注、全幅显示、道路定位、地名定位、图幅定位、测量量算、最短路径分析、图层选择、图形输出和外测数据加载等。测量量算功能可以测量管网地图上自由形状、曲线的长度和面积；图层选择功能可选择基本地形地理底图、管网地图、三维图形和实景地图等；图形输出功能可以实现不同比例尺、不同打印方向、不同尺寸图纸的打印输出；外测数据加载功能可以方便地加载 CAD 软件绘制的各类图形和现场测绘的管网 EXCEL 数据。用户可以通过内网或浏览器认证授权后直接访问管网综合管理系统的主页，浏览器端不用安装任何插件即可获取所需的数据和信息。

3. 管网维护子系统

管网维护子系统主要维护管网的数据一致性和拓扑完整性，可修改属性信息和空间信息，包括设施编号、名称、型号、材质、规格、埋深、维修记录和使用单位等。系统随时记录设备编号、维修时间等维修情况，根据相关规范和维修记录自动提出维修方案，通过警报等措施提醒管理人员进行维修和更换。用户输入某管点坐标后，可在地图上自动漫游定位到该管点，可调整该管点的位置，修改管点的坐标。如果发现管网拓扑问题或管件数据库挂接漏洞，系统可自动校正错误，提交错误清单。另外系统根据管点坐标自动维护管长距离。

4. 运行调度子系统

运行调度子系统可绘制管网供水最高、平均和最小时的分界线、实际供水范围、节点水压等压线和自由水头等压线,自动提供水力平差,管网修改后重新平差,等压线会自动更新。管网宏观调度程序根据管网分界线上的点和管网末梢给出最佳供水调度方案。用水量短期预测模型用时间序列三角函数分析法构建,管网性能宏观模型用基于管网供水量的管网构造法建立。管网上安装压力监测点、自控阀和流量计等设施,并相连到监控与数据采集 GIS 系统接口,实现计算机在线调度,不需要人工输入监测数据。主要功能模块如下。

(1)四遥数据接口管理。遥控、遥调、遥信和遥测系统将各水厂、水源河道、各类供水泵站、用水远程监控和管网内测试点的实时生产运行数据通过有线或无线形式传输到生产调度中心,分析实际供水范围。可以按照当日、当周、当月或自定义时间查询、分析供水管网的各类历史运行数据,了解当前供水管网的实时动态情况,由管网宏观调度程序形成最佳调度方案以组织供水生产。

(2)等压线及水力平差。该模块可绘制管道上各节点的水压和自由水头等压线,节点地面高程可批量赋值或从电子地形图上直接采集。

(3)优化调度管理。用时间序列三角函数分析法建立用水量短期预测数学模型,用管网构造法建立基于管网供水量的管网性能宏观模型,从安全经济的角度建立管网优化调度模型。系统界面可以实时显示管网内压力等信息,管网内的各项参数可以通过调度模式进行调整。

(4)管网事故统计。在管网地形图上可以按当天、当周或自定义时间通过拉框或者任意多边形选择某一区域内管网发生的事故位置、次数和影响范围等。

5. 用户水表管理子系统

用户水表管理子系统可以浏览和查询与用户水表相关的信息,如用户地址、接水点编号、电话号码、水表表号、用水性质、水表口径、入册日期、连接方法、水表用水量、拆换日期、表前阀门口径、表后阀门口径和历史缴纳水费情况。

实时读取水表用水量模块可接收和处理所有安装了采集终端发送的实时用水量数据,并为各区域营业分公司和用水户提供数据服务。营帐管理系统接口可以调用营业收费系统数据库,查询用户水费的收缴情况。换表信息管理模块可以在线管理供水用户的水表信息,提供换表管理措施相关流程,查询用户信息、水表使用状况和换表原因。

6. 事故处理子系统

事故处理子系统能快速查找爆管事故发生时需要关闭的阀门,分析关阀停水的区域、用户和爆管事故原因(孟潇,2010),显示相关阀门的位置和属性以及停水影响范围内用户信息,打印现场抢修图、抢修单和阀门卡片,利用营管服务系统及时通知停水用户,保存事故处理记录,从而提高应急决策的科学性和供水企业的社会服务水平。

主要功能模块如下。阀门模拟操作模块主要模拟漏水处的最优关阀方案,显示需要关闭阀门和停水用户信息,如果需要关闭阀门中的某些阀门失灵或损坏时,则扩大阀门搜索范围,继续寻找需要关闭的阀门。施工停水分析模块可以浏览、打印需要关闭的阀门、抢修单、阀门卡片、停水通知和用户列表,显示关阀位置和属性以及受影响用户信息,保存事故处理记录。电子沙盘推演模块可以预先模拟事件发生区域、施工抢修人员和车辆的行驶路径等。动态标绘推演模块可标绘出事件发生的区域和严重程度。

7. 管网设计子系统

管网设计子系统为供水管线 CAD 系统,可根据用户接水要求,利用已有管线预留口和 1:500 地形图快速设计管线工程的初步方案。设计方案经审核后可提交数据库,提高了管线数据的安全性。

主要功能模块如下。管线设计模块主要确定管径、管长、管内耐腐蚀程度、管线埋设时间、埋设地土质、管线所在路名、施工、控制点坐标和管线控制点高程等。常用设计工具模块主要包括竣工图、轴测图和材料报表。系统提供竣工图数据库的建立、浏览、管理、维护和信息查询功能,可框选某个区域、道路或管道,建立竣工图库与供水管网图形连接的拓扑关系,显示历年竣工图台账;系统提供轴测图的数据管理功能,反映供水管网三维形状的二维图形,可挂接轴测图到管网图形上;材料表生成器可有效地管理每个项目的材料,生成用户自定义的材料报表。设计图形模板库可提供设计中使用的各类平面图形模板库。设备库管理模块提供和编辑各类管道和设备的设计符号库。

管网事故抢修主要是指爆管停水事故抢修及相关施工停水抢修。基于 GIS 的事故抢修分析是在爆管事故发生时,最短时间内以最快的速度提出关阀方案,以提高管网在发生事故时的快速修复能力,并将损失降到最低。最优的关阀方案是需要关闭的阀门和受影响的用户尽量的少。如果需要关闭的阀门已经失灵,可以重新搜索,制定新的关阀方案。

管网抢修分析的实现过程如下。首先,初始化管网地图,即为节点、管线和阀门建立拓扑关系,生成网络数据集,并加载到地图中。其次,用鼠标在管网地图上单击事故管线或爆管点,用一个黄色施工人员的图形放置在事故抢修管线段。爆管点确定后,系统调用深度优先搜索算法分析需要关闭的阀门,即首先访问图中的某个节点,然后依次访问该节点的邻接点,直到图中所有与该节点有连通路径的节点都被访问为止;如果还有未被访问的节点,则选择图中未被访问的节点为起始点,重复上述过程,直到所有节点都被访问为止;通过搜索,找到必须要关闭的相关阀门,在图中闪烁显示必须要关闭的阀门、受影响的停水区域和涉及的周边道路。利用爆管点周围的相关图层可以查询受影响的节点、管段和阀门的属性特征。最后,保存和打印关阀方案地图的图形。

7.5　基于 GIS 和 GPS 的供水管网巡检养护系统设计

通常,管线巡检养护人员每天按计划巡检和养护供水管网,但只能根据个人记忆和熟悉程度确定管网的具体位置。另外,一般通过巡检养护人员的日志记录判断和监管其工作是否到位,以免留下安全隐患。随着供水管线的不断延伸和供水区域的不断扩展,传统的巡检养护方式急需改进。基于 GIS 和 GPS 的在线监管技术可以对巡检养护人员进行可视化定位和监管,实时接收其上报图片、文字和视频等数据,有助于管理人员直观、准确地了解现场状况,为不同巡检养护人员制定和分派有针对性的工作任务,有效缩短工作时间,从而确保供水管网基础设施的稳定运行(刘明春等,2016)。

7.5.1　关键技术

(1) GIS 技术。GIS 是用于采集、处理、分析、模拟、检索和表达地理空间数据的计算机系统。供水管网具有区域性强、数据量大、复杂、隐蔽、动态及与地理位置密切相关等特点,而这些特点可借助 GIS 的可视化和空间分析功能进行表达。

(2) GPS 技术。GPS 技术能直观快速地对各种地理事物进行准确定位,具有高精度、高效率和全天候的优点,能与供水管网 GIS 系统实现无缝集成,在维修和养护过程中可利用智能手机、PDA 等设备方便地采集、编辑、查询和上传管线数据。

(3) 移动互联网技术。移动互联网是一种通过智能移动终端获取业务和服务的新兴技术,包含软件、终端和应用三个层面。软件层包括操作系统、数据库、中间件和安全软件等;终端层包括智能手机、电子书/MID 和平板电脑等;应用层包括工具媒体类、休闲娱乐类和商务财经类等。在供水企业中引入智能手机、平板和 PDA 等移动终端设备,可完成管网检漏、巡视和工程竣工验收等业务,实现移动办公。

7.5.2　系统总体设计

1. 业务流程

巡检养护业务主要涉及的供水企业部门科室有检漏班、巡检班、养护科和维修科,整个业务流程分为工单生成、工单派发和工单处理 3 个阶段(图 7-14)。

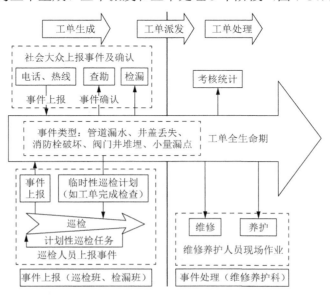

图 7-14　巡检养护作业流程(刘明春等,2016)

（1）工单生成。供水管网工单的生成方式一般有两种：①社会大众通过热线、电话等上报供水事故（消防栓破坏、井盖丢失、管网漏水等），供水企业派遣专业巡检人员到现场进行勘查，一旦确认事件发生即可生成工单。②巡检人员在日常巡检过程中发现供水管网事件，不需要现场确认而直接上报，可立即生成工单。

（2）工单派发。工单生成后，管理人员可根据事件类型通过短信、电话等方式进行工单派发，如消防栓撞坏、阀门井堆埋、井盖缺失等事件的工单派发给养护科，小量漏点、管道漏水等事件的工单派发给维修科。

（3）工单处理。相关科室的工作人员接到工单后，即刻前往事故现场进行维修和养护工作；任务一旦完成，马上通过电话或短信方式通知管理人员事件处理完毕。管理人员派遣临时性巡检人员到现场检查工单任务完成情况，确认无误后，此工单即可终结。

2. 系统构成

供水管网巡检养护系统由手持终端和 Web 系统构成。手持终端可对管网数据和地形图进行编辑、查询和更新，并实时上传至 Web 系统，经相关人员审批后，同步更新 GIS 空间数据库。Web 系统具有 GIS 常用的查询、显示、分析和处理功能，可实时获取巡检养护人员的准确位置，实现对巡检养护任务的分派与考核。

管网数据与巡检养护任务可通过数据线从 Web 系统下传到手持终端。在手持终端可执行管网地图的放大、缩小、移动、复位和编辑等操作。采用 GPRS（general packet radio service，通用分组无线业务）和 GPS 结合的通信方式，GPS 获取车辆和人员所在位置，并对其进行路径导航和合理调度。Web 系统在实时下发或接收上传数据时具有提醒功能，当管理人员基于 Web 系统发送指令到手持终端时，可提醒巡检养护人员查看指令信息，并及时回复；同时，巡检养护人员上传数据或照片时，Web 系统也可及时提醒管理人员做相应处理。

7.5.3　功能设计

供水管网巡检养护系统的手持终端和 Web 系统的功能结构如图 7-15 所示。

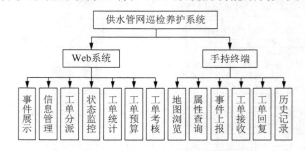

图 7-15　功能结构（修改自刘明春等，2016）

1. Web 系统功能设计

（1）事件展示。通过列表统一管理所有立案的巡检养护事件（如暗漏维修、管道维修、管网改造和附属设施维护），通过电子地图可视化所有立案的巡检养护事件，并用不同的图标将各种事件标注在地图的相应位置上。

（2）信息管理。主要管理工单号、负责人、工单地址、派工时间、巡检养护单位、处理结果、反馈时间及事件原因等巡检养护信息和工单处理过程中的历史信息，辅助管理人员进行后续工单的考核和工单任务实施环节的掌握。

（3）工单分派。管理人员根据 Web 系统生成的巡检养护工单任务类型将工单分派给相应的部门，如将养护任务工单发送到养护科，将维修任务工单发送到抢修队。

（4）状态监控。现场监理员每日定期到现场监查巡检养护事件，特别是重大维修事件，并填写情况反馈。Web 端的管理人员依据反馈信息和最新现场图片了解该工单的最新进展情况，将所有工单任务以动态标签形式在 Web 系统的电子地图上进行可视化，并注明"已结案"或"未结案"。

（5）工单统计。根据上报事件的种类对工单任务进行统计，分析不同种类事件的占比情况和重大巡检养护事件的发生率。根据材质、口径和损毁原因（管网老化、路面占压和产品质量）分析管网漏水原因。根据任务来源（如电话、热线、短信、Email 和巡检上报）统计和分析巡检养护工单。

（6）工单预算。系统根据用户提供的工单规模、人工投入和选材等信息，对该工程所需要资金进行预算，为管理人员提供参考依据。

（7）工单考核。根据每个巡检养护工单的立案时间和结案时间评价巡检养护工单的填单情况、签证情况、回复情况和及时率等，考核维修抢修人员的工作业绩，提高巡检的养护效率。

2. 手持终端功能设计

（1）地图浏览。在手持设备上显示各种供水管网设施、沿路的地名、建筑物、绿地、河流、铁路和公路等的空间分布情况，可量算各种地物的面积和长度。

（2）属性查询。供水管网及其周围地理事物的属性信息可以通过点击、框选或 SQL 等方式进行查询。

（3）事件上报。管网事件所涉及的管线、节点和附近的道路等均可从地图中读取，不需要手动添加。上报的事件可附加图片、声音和视频。

（4）工单接收。现场巡检养护人员通过手持设备获取由 Web 系统发出的巡检养护任务工单，如需要关闭的阀门、维修的管段和阀门井的清淤等。可查看相对应的地图信息，使巡检养护人员快速确定任务地点。

（5）工单回复。现场巡检养护人员完成工单任务后，及时将巡检养护结果（起讫时间、完成情况和负责人等）上报给 Web 系统，可在手持设备上自动保存回复信息，以便查看。

（6）历史记录。利用手持设备可查看已经上报的历史事件和已经回复的任务历史，对以前上报失败的事件可重新上报。

综上所述，供水业务的综合运营监管已逐步成为供水行业信息化发展的趋势。供水管网巡检养护系统是供水管网 GIS 系统的延伸建设，为降低企业漏损率与产销差提供了高效的管理手段，有效提高了供水管网巡检养护事件的处理效率，显著提升了企业的社会服务水平。

供水管网巡检养护系统支持供水企业巡检养护人员完成日、周、月和临时的巡检养护任务。手持设备上装载的供水管网 GIS 和 GPS 为现场巡检养护人员提供大量准确的管网及附属设备信息，从而改变了人工记忆与管理的传统模式。

7.6 基于移动 GIS 的供水管网信息采集与管理

传统的供水管线数据采集作业一般包括野外调查记录、绘制草图、采集坐标和属性数据入库，通过内业成图软件建立外业探查数据库，具有程序繁杂、工作量多、劳动强度大、处理代价大、工作效率不高、外业和内业工作脱节等缺点。在给水管线数据采集中引入移动 GIS 技术既能省时省工、满足精度质量要求，又能提高工作效率、降低劳动强度（刘烜等，2016）。

7.6.1 系统总体介绍

1. 移动采集平台介绍

移动采集设备具有使用方便、操作灵活和携带便捷等特点，采用专用的外接双频双星主板和天线的 GNSS（global navigation satellite system，全球导航卫星系统）采集设备，通过对中杆或支架与主机连接，可以精确对中点位的 cm 级 RTK（real-time kinematic，实时动态）采集，能满足管网数据精度要求。强大的 PDA（personal digital assistance，掌上电脑）计算及高相位稳定性的外接天线，为使用者提供稳定的高品质 RTK 测量成果输出。位于 PDA 上部的内置天线也被设计成双频双星的，可以获得小于 30cm 的实时手持定位精度。根据客户的个性化要求，利用 GIS 软件的二次开发组件，可以定制各种特定的应用功能，实现数据的无缝对接（许士敏等，2006）。

利用 PDA 采集数据可提高管线普查外业工作效率 15%～20%左右，采集数据直接以成果录入数据库而使整体效率提高 30%左右。系统设计遵循移动设备开发设计规范，界面简洁明了，使用时只需对作业人员进行简单培训就能完全掌握其使用方法。PDA 具有完备的日志记录功能，能详细记录外业作业情况，掌握作业进度和各作业小组的作业情况。同时，PDA 通过添加、删除管线和管点、修改属性、记录操作的时间和人员信息等更新日志数据库，为外业数据监理提供重要依据。利用 PDA 采集外业数据时，在采集终端通过查错、质检和匹配坐标，即可生成初步成果数据，方便数据交换。

2. 系统功能

（1）数据录入。数据录入模块具有批量数据入库功能，通过与移动设备数据库连接，在地图上绘制管线点时，系统将自动生成必要的属性，其他属性可通过属性录入界面由用户添加，如设备类型、管径大小和附属照片。通过触屏手指滑动操作可绘制以某两个管点为起始点的管线。

（2）外业草图编绘。通过图库联动绘制点线，虚拟连向及其之间的连接功能可以最大限度地适应物探作业的连向不确定性和多变性特点。

（3）数据查错。该模块主要检查管线数据的质量，查找主要的逻辑性错误，如管点坐标是否合理、管线管点是否唯一、管点属性表中符号代码是否标准、管点管线结构是否符合要求、管点属性表与管线属性表中点号是否对应、地面高程字段、管线中高程和埋深字段是否填写。通过数据查错，显示错误信息列表，并定位到地图上，修改各种错误。

（4）管线成图。调用管线数据库中的相关数据可生成管线图形（图 7-16），并可对管线图形数据进行修改和维护。

图 7-16 管线图形生成（刘烜等，2016）

（5）属性录入检查。主要检查管网逻辑性和拓扑完整性。

（6）管线信息查询。例如，查询管径大于 100mm 的所有供水管线，输入查询条件后，满足条件的所有记录显示在属性信息表中。

7.6.2 数据质量控制措施

数据采集录入工作是一项十分繁杂的工作。由于供水管线埋设于地下，隐蔽性强，纵横交错，管理难度大，保障供水管网 GIS 系统的数据质量是实现供水企业科学化管理的基础。

供水管网数据质量的控制措施主要有以下几点。①具有人机界面友好、功能完善的数据采集能力，只需简单操作即可快速录入大量数据。②对属性数据和图形数据进行有效性验证，自动甄别问题数据，如属性数据的类型、完整性、逻辑关系和连接关系等。③通过定义数据资料（管线的材质、管径和埋设类型等），完善数据字典，保证数据内容的规范性。④建立一套规章制度以明确责任，追踪数据录入人员，保障录入数据有效。定制检查规则，如管线两节点必须在点表中存在、管线长度不能超过 70m、管线点坐标不能为空等，自动排查入库数据错误。

总之，利用移动采集设备采集管线数据，改变了传统供水管线探测作业模式，减少了内业入库等中间环节，可以节约成本，提高作业效率。基于移动 GIS 的管网数据采集特别适合高程误差在 10cm 以内的作业模式，实现了供水管线野外数据采集、查询、测量、浏览、查错和实时绘图的一体化。

7.7　基于 GIS 的供水管网水力模型拓扑结构更新

管网水力模型是以管网数据为支撑的数学模型系统，是管网规划、泵站改造、改扩建设计、漏损控制、运行调度和管网水质分析的决策依据（陈凌等，2006）。随着经济发展，用户和用水量迅速增加，管网逐年扩建，每年都有新增拆迁和市政配套工程发生。管网数据的变化可分为两类：新增或改迁管网引起的管网位置变化、管网属性补录和更改的变化。及时修正和更新管网水力模型（拓扑结构更新、水泵特性曲线更新和节点流量更新）是恢复模型精度，适应供水管网发展的需要，其中管网拓扑结构更新是决定模型精度的重要因素。利用 GIS 工具箱对变化的管网数据进行筛选分类可实现管网模型拓扑结构的更新（施银焕等，2017）。

7.7.1　管网变动数据的筛选分类

供水管网水力模型管网拓扑结构主要由管段、节点（三四通、弯头和堵头等）、消火栓和阀门组成。管线、节点、阀门和消火栓等数据可以从管网地理信息系统中以 SHP 格式导出，再通过模型软件接口将管网数据导入（表 7-3）。

表 7-3　管网组件属性信息（施银焕等，2017）

组件	属性信息
节点	GIS 编号、埋深、高程、地址、计量分区、营销公司、行政分区
消火栓	GIS 编号、埋深、高程、地址、计量分区、营销公司、行政分区、口径、当前状态、类型
阀门	GIS 编号、埋深、高程、地址、计量分区、营销公司、内径（阀门）、行政分区、开关状态、安装日期、阀门类型、正反扣、扣数
管线	GIS 编号、起点和终点编号、地址、计量分区、营销公司、行政分区、内径、管材、安装日期

管网变动数据的筛选分类是利用 ArcToolbox 将更新的新、旧管网数据 shape 文件作为输入数据，通过模型分析分别输出属性变动管网和位置变动管网 shape 文件（图 7-17）。

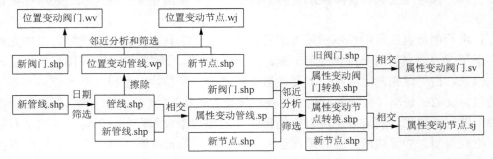

图 7-17　管网数据筛选分类工具构建过程（修改自施银焕等，2017）

根据管径属性字段筛选出管径大于或等于 DN300 的管段；根据上次变更地图日期和本次变动日期两个属性字段，筛选出更新间隔时段内所有变动的管段；利用 GIS 的相交和擦除功能分别筛选出属性变动管网和位置变动管网；利用 GIS 的邻近分析功能筛选出与位置变更管道和属性更新管道对应的阀门、节点数据。消火栓连接的管道管径为 DN100，因此只需要根据上图日期和变动日期两个字段即可筛选。模型工具箱筛选的输出文件如表 7-4 所示。

表 7-4　模型工具箱筛选的输出文件（施银焕等，2017）

输出 shape 文件名	变动管网图层	输出 shape 文件名	变动管网图层
sp	属性变动管道	wp	位置变动管道
sj	属性变动节点	wj	位置变动节点
sv	属性变动阀门	wv	位置变动阀门

7.7.2　管网模型数据更新

1. 位置变动管网数据更新

在更新变动管网前，需要确认原管网的报废管网并删除，即在建模软件中将位置变动管道 shape 文件作为背景层添加到管网模型中，设置不同于现有管网模型的管线宽度和颜色，通过对比确认后可逐个删除报废管网。

利用建模软件将生成的位置变动管网 shape 文件导入模型。导入的新管网与原管网在设置的邻近度内不能全部自动连接，因此部分新旧管网连接处还需要人工核查，进行手动连接（图 7-18）。导入的部分新管网还需要根据竣工 CAD 图纸等资料进行补录，保证管网模型的管网拓扑结构与选定建模日期的实际运行管网一致。

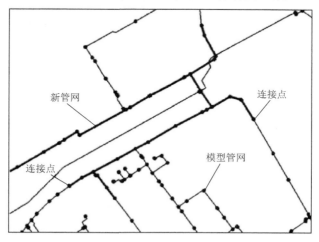

图 7-18　模型管网与导入变动管网连接的处理（施银焕等，2017）

2. 属性变动管网数据更新

可通过模型管网属性表中的 GIS 编号与管网模型编号进行连接的方式实现属性变动管网数据的更新。

7.7.3 管网拓扑结构简化

在节点水量分配完成后简化管网，比直接简化管网更能保证模型的准确度，因此推荐节点水量分配完成后进行管网简化。

1. 模型简化方法

常用的供水管网水力模型简化方法有并联管道合并、串联管道合并和枝状管简化。并联管道合并是根据管长、管径、阻力系数和安装年代等管道属性，在两端节点相同的管道中选择主管道，合并时保留主管道，删除另一条管道，再根据合并前后管道水头损失不变的原则，对保留的主管道进行管径或阻力系数修正，使合并前后的管道保持水力特性不变。串联管道合并是将同水流方向、同属性的串联管道合并为一条管道，同时将被简化掉的节点流量按比例分配到新合成管道的两端节点上，并保证合并前后管道的水力特性保持不变。枝状管简化是根据管径和水量等条件进行多级简化，将枝状末梢节点和末梢管道简化掉，同时末梢节点的流量累加到上游节点，从而达到简化目的。

2. 拓扑结构简化模拟

在设置水量和管径等限制条件下，进行枝状管和串并联管道合并相结合的多级简化。表 7-5 显示了天津市供水管网简化前后管网模型的数据变化。

表 7-5　简化前后管网数据对比（施银焕等，2017）

数据类别	管道	节点	阀门	消火栓
简化前个数	159650	128862	26372	5320
简化后个数	139684	108889	26372	5320

需要注意的是，在进行管网数据筛选和更新时，要做好更新时间点的管网 GIS 数据备份，以备下一次更新使用。

7.8　基于 GIS 的输配水系统规划

饮水工程系统由相互联系的一系列构筑物组成，其任务是从天然水源取水，按照用户对水质的要求进行处理，将水输送到饮水区，并向用户配水。饮水工程系统可分为取水工程、水处理（净水）工程和输配水工程三部分。其中，输配水工程是投资最大，并且是很重要的部分，占饮水工程总投资的 50%~80%。输水和配水系统是保证输水到饮水区内，并且配水到所有用户的全部设施，包括输水管渠、配水管网、泵站、水塔和水池等（戴慎志等，1999）。

饮水管网的优化设计是一个需要反复计算、相当复杂的过程，而且需要大量的数据，如管网图形、用水点位置、管段直径、管段长度、单位长度压力降值、供水量和用水量等，才能得到准确可靠的计算结果。将管网计算理论、系统优化理论与 GIS 相结合，凭借 GIS 强大的空间数据管理功能，利用 GIS 的实际管网图构造出管网计算图形，并从

GIS 的属性数据库中提取有关数据，通过编制计算程序，进行管网水力工况分析（Lee，1992）。利用 GIS 中建立的地形图图库、管线图库和用户档案数据库，可以迅速查询到大量数据。在新用户设计过程中，首先初步订出几个设计方案，然后依次进行管网布置、负荷计算、管径确定、水力工况计算、水力平差和投资费用计算，再进行方案比较，从中选出最优的方案（侯景伟，2008）。

7.8.1　管网数据库设计

组成给水管网的水力元素包括节点、管线、水泵、阀门和水池等 5 种水力元件。在 GIS 中为每种基本元件分别创建静态数据表和动态数据表两个表，并通过相同的 ID 号对这两种表的数据进行连接。具体情况见表 7-6。

表 7-6　GIS 元件和属性数据

类别	静态属性表数据	动态属性表数据
节点	节点类型、节点标高	压力、流量、水龄、水质
管线	开始节点、终止节点、标准管径、计算管径、管材、敷设日期、阻力系数、水力坡度	流速、流量、水头损失
水泵	附属管线、水泵型号、水泵静扬程、阻力系数、额定转速、额定功率、投产日期	工作状态
阀门	附属管线、阀门型号、投产日期	开启度
水池	附属节点、水池面积、水池高度、水池底标高、初始水位、最高水位	工作水位

为了记录 GIS 和管网数据库的对应关系，分别建立了节点、管线、水泵、阀门和水池等 5 个对应关系表，表中包含以下信息。

（1）数据建模信息（ModelInfo）。记录数据选择过程中对 GIS 数据选择的结果。布尔型数据，默认值为 0。如果该行数据参与水力建模，则该值为 1；否则为 0。

（2）数据检查信息（DataCheck）。记录数据转换过程中对 GIS 数据检查的结果。布尔型数据，默认值为 0。如果 GIS 的原始数据是完整正确的，该值为 0；否则为 1。

（3）上溯路径信息（TraceInfo）。记录水表由末端管网上溯至管网 GIS 节点的路径，因为水表一般位于末端管网上，为了根据水表位置和用水量分配节点流量，所以需要把水表信息逐级上溯，直至水力模型中的节点。char 型数据，无默认值。水泵、阀门和水池等各对应关系表中无此行数据；节点和管线对应关系表中该行数据记录的是上溯路径中的后一个节点编号或管线编号。

（4）更新记录信息（UpdateInfo）。记录 GIS 更新的结果。int 型数据，默认值为 0。对于新增加的数据该值设为 1，被删除的数据设为 2，属性有改变的数据设为 3。管网数据库根据该信息判断是否进行数据更新，更新完毕后该值重新设为 0，同时清空被删除数据记录。

（5）更新日期信息（UpdateDay）。记录 GIS 数据最后更新的日期。Datetime 型数据，默认值为首次生成该条数据记录的日期。以后每次更新时，如果该数据有改变则记录改变时的日期，如果没有变动则不改变。

数据检查和修正包括以下三步。①数据完整性检查：由数据缺失引起的错误，在对应关系表中做出标记后，用缺省值代替，缺省值设置见表 7-7。②连通性检查：检查是否存在多个管网。③逻辑性检查：检查是否存在逻辑错误，如管网末端出现大口径管道、管网中出现非标准管径的管道（如 175mm）及长距离直线大口径输水管中出现小口径管线等。对于第二类和第三类错误，应生成错误索引表，并进行人工修正。

表 7-7　缺省值设置

项目	缺省值	项目	缺省值
节点类型	已知流量点	水泵阻力系数	20
管线管径/mm	300	水泵工作状态	1
管线管材	球墨铸铁管	阀门阻力系数	0.0
管线埋设时间	2017-01-01	阀门开启度	1
管线阻力系数	100	水池面积/m²	3000
计算管径/mm	300	水池最低水位/m	1.0
水泵静扬程/m	45	水池最高水位/m	5.0

根据对应关系表中的上溯路径信息，可以将管网末端的水表递归到对应的水力模型节点上去，根据其累计用水量得到模型的节点流量。然后再根据实际运行调度数据确定水泵和阀门的运行工况，就可以进行水力平差计算了。水力模型计算出来的节点压力、节点水龄、节点水质、管线流速、管线流量、管线水头损失和水池水位等结果自动存入相应水力动态数据表中。

7.8.2　饮水管网经济技术优化模型构建

一个项目不可能解决所有的问题，但每个项目都要提供最具有成本效益的方案（陶陶等，2005）。管网设计应该保证供水所需的水量、水压、水质安全、可靠性和经济性。管网优化设计的数学模型以经济性为目标函数，将技术性作为约束条件，据此建立目标函数和约束条件表达式。

1. 目标函数的建立

在 GIS 中，优化计算程序以饮水管道的总费用函数作为目标函数。目标函数包括管网造价年折算值、送水泵站年平均动力费用和水厂新建的年折算值。

新建水厂所占费用很少，在优化过程中其值无变化，因此目标函数可仅考虑前两项，并可表示为

$$W = \left[\frac{P}{100} + \frac{\alpha(1+\alpha)^T}{(1+\alpha)^T - 1} \right] \sum_{i=1}^{n} \left(a + bD_i^c \right) L_i + 0.01 \times 8.76 \beta E \rho g Q \frac{H_0 + \sum_{i=1}^{n} h_i}{\eta} \tag{7-1}$$

式中，a、b 和 c 为单位长度管线造价公式中的系数和指数，随水管材料和当地施工条件而异；D_i 为第 i 个管段的管径，m；E 为电费，分/(kW·h)；Q 为输入管网的总流量，L/s；H 为二级泵站扬程，m；η 为泵站效率，一般为 0.55～0.85，水泵功率小的泵站，效率较低；P 为每年扣除的折旧费和大修费，以管网造价的百分比计，%；L_i 为第 i 个管段长度，m；T 为投资偿还期，年；α 为利率，%；β 为供水能量变化系数；ρ 为水的密度，$\rho = 1$kg/L；

g 为重力加速度，$g = 9.8\text{m/s}^2$；H_0 为水泵净扬程，m；h_i 为第 i 条管线的水头损失，m；n 为从管网起点到控制点的管段数。

将式（7-1）简化，只取其变量部分，得年费用目标函数为

$$W_0 = \left(P + \frac{100\alpha(1+\alpha)^T}{(1+\alpha)^T - 1} \right) \sum_{i=1}^{n} bD_i^c L_i + AQ \sum_{i=1}^{n} h_i \tag{7-2}$$

式中，$A = 8.76\beta E\rho g / \eta$，表示总流量 Q 和二级泵站扬程 H 都为 1 时的每年电费，分。

2. 约束条件的建立

节点连续方程：所谓连续性方程，就是对任一个节点来说，流向该节点的流量必须等于从该节点流出的流量。规定流出节点的流量为正，流向节点的流量为负，则节点 i 的连续性方程可表示为

$$\sum_{j \in \phi} Q_{ij} + q_i = 0 \tag{7-3}$$

式中，ϕ 为与节点 i 相邻的节点号集合；Q_{ij} 为管段 ij 的流量；q_i 为节点 i 的流量。

树状管网节点连续方程可表示为

$$\boldsymbol{B}_r \boldsymbol{q}_r + \boldsymbol{Q}_r = 0 \tag{7-4}$$

$$\boldsymbol{B}_r = (b_{ik})_{n \times m} \tag{7-5}$$

$$b_{ik} = \begin{cases} 1 & \text{管段}k\text{和节点}i\text{相连，且管内水流流离该节点} \\ 0 & \text{此管段不与该节点关联} \\ -1 & \text{管段}k\text{和节点}i\text{相连，且管内水流流入该节点} \end{cases} \tag{7-6}$$

式中，$\boldsymbol{B}_r$ 为树状管网关联矩阵；$i = 1, 2, \cdots, n$；$k = 1, 2, \cdots, m$；n 为树状管网节点数；m 为树状管网边数，$m = n - 1$；$\boldsymbol{q}_r = (q_1, q_2, \cdots, q_m)^T$ 为管段流量列向量；$\boldsymbol{Q}_r = (Q_1, Q_2, \cdots, Q_n)^T$ 为节点流量列向量。

节点自由水压约束：任一个节点的自由水压应小于最小服务水头，即

$$H_i \geqslant H_{i\min} \tag{7-7}$$

式中，$H_{i\min}$ 为系统服务质量所要求的第 i 节点压力的下限值。

管段流量约束：管段流量应大于等于最小允许流速时的流量，即

$$q_{ij} \geqslant q_{\min} \tag{7-8}$$

式中，$q_{\min}$ 为管段最小允许流速时的流量。

管径约束为

$$D_{ij} \in W \tag{7-9}$$

式中，W 为所有可选管径的集合。

7.8.3　最优管径的确定

在模型[式（7-2）]中，管段水头损失 $h_i = kq_i^2 L_i / D_i^m$，其中，k、m 为水头损失系数，q_i 为管段流量。

为使输水管道的费用年值最小，对目标函数式（7-2）中的年费用计算值 W_0 关于输

水管道的某一管段的管径 D_i 求偏导数，并使之为零，即

$$\frac{\partial W_0}{\partial D_i} = \left[P + \frac{100\alpha(1+\alpha)^T}{(1+\alpha)^T - 1} \right] bcL_i D_i^{c-1} - kmAQq_i^2 L_i D_i^{-(m+1)} = 0 \qquad (7\text{-}10)$$

得最优管径为

$$D_i = \left\{ \frac{kmA}{\left[P + \dfrac{100\alpha(1+\alpha)^T}{(1+\alpha)^T - 1} \right] bc} \right\}^{\frac{1}{c+m}} Q^{\frac{1}{c+m}} q_i^{\frac{2}{c+m}} \qquad (7\text{-}11)$$

7.8.4　供水管网服务范围的确定

配水管网设计首先比选设计管材，供水管材确定后，进行经济分析，最终确定经济的供水距离（供水半径）。

1. 平原区

一般来讲，平原区地形高差不大，不具备从水厂到用户的自流条件，多利用水泵提水，因此供水管网的辐射范围应该经过技术、经济比较确定。计算工程一次性投资和运行费用之和，以年最小值为最佳方案，从而确定管网的辐射半径。

根据多项工程的设计经验总结，一般确定水厂水泵扬程 0.4MPa 左右。以供水对象村庄建筑（二层）为例，以村内管网最不利点压力 0.12MPa 计，在控制村内管网损失 0.08MPa 的前提下，配水管网村口压力为 0.2MPa 即可满足村内用户水压要求。根据水泵扬程 0.4MPa 的供水压力，控制外管网最不利管线损失之和不大于 0.2MPa，由此计算出管道供水距离即为经济供水半径。其计算结果见表 7-8～表 7-10[电费按 0.6 元/(kW·h)计]。根据计算结果可以看出，不同管材具有不同的经济流速和经济供水半径；水厂规模不同其供水范围的大小也不同。

表 7-8　UPVC 给水管材（0.6MPa）经济管径与供水半径计算表

管网流量/(m³/d)	经济管径/mm	经济流速/(m/s)	供水半径/m
1000	140	0.75	3613
2000	200	0.74	7318
4000	250、280	0.75～0.94	5989～10960
5000	280、315	0.75～0.94	7008～10126
8000	355	0.94	9974
10000	355、400	0.92～1.17	5740～11701
20000	500	1.18	9700
25000	560	1.18	10303
30000	560、630	1.11～1.40	7146～11367
40000	630、710	1.20～1.64	6385～14527
50000	710、800	1.15～1.50	9289～18935

表 7-9　PE100 给水管材（0.6MPa）经济管径与供水半径计算表

管网流量/(m³/d)	经济管径/mm	经济流速/(m/s)	供水半径/m
1000	140、125	0.75~0.94	3613~1974
2000	200、160	0.74~1.15	7318~2226
4000	250、225	0.94~1.16	5989~3414
6000	280、315	1.13~0.89	5394~10109
8000	315、355	1.19~0.94	5687~10758
9000	355、315	0.66~0.83	7673~4056
11000	355、400	1.28~1.01	5332~10077
12000	355、400	1.40~1.11	4394~8304
14000	400、450	1.29~1.02	6355~11911
15000	450、400	1.09~1.38	9409~5020
16000	450、400	1.16~1.47	8604~4590
24000	500、560	1.42~1.33	6707~12275
32000	560、630	1.50~1.19	6905~12940
40000	630、560、710	1.17~1.88	4419~15669
48000	710、800	1.40~1.78	10881~5752

表 7-10　球墨铸铁管的经济管径与供水半径计算表

管网流量/(m³/d)	经济管径/mm	经济流速/(m/s)	供水半径/m
1000	150	0.65	3068
2000	200	0.74	4306
4000	300	0.66	9308
6000	350	0.72	10423
8000	400、350	0.74~0.97	11951~5863
9000	400、450	0.66~0.83	8524~15975
11000	450、500	0.80~0.65	11100~19471
12000	450、500	0.87~0.71	9148~16045
14000	500、450	0.83~1.02	12713~7000
15000	500、600	0.88~0.61	9700~25649
16000	500、600	0.94~0.66	8870~23455
24000	600、700	0.98~0.72	10350~23720
32000	700、600	0.96~1.31	13342~5842
40000	800、900	0.92~0.73	17406~32622
48000	900、800	1.10~0.87	22654~12087

2. 山区

山区供水范围的确定主要考虑纵向高差引起的压力差异，可以采用分区供水，每个分区控制压差 40m 左右。对于重力输水管线，按压差等于管道损失确定管径。

7.8.5　最优管网的设计

给水管网优化设计的一般原则是：在管网布置已定、保证供水量和水压的前提下，计算求得年折算费用最小情况下的管径。管网优化设计方法主要有两大类：传统的确定性优化方法，主要有枚举法、线性规划法和非线性规划法；还有一类随机性优化方法，主要是遗传算法和模拟退火算法。本研究拟采用遗传算法进行饮水管网优化。

1. 遗传算法

遗传算法（genetic algorithms，GA）是一种随机优化方法，它继承了达尔文的进化论思想。1975 年，美国的 Holland 等提出了 GA 系统的概念和方法。1987 年，Goldberg 等将这一理论应用于管网优化设计中。这一方法采用离散的标准管径为决策变量，并对其进行一定进制的编码，通过选择、杂交和变异等迭代操作因子求得满意的结果。

遗传算法是具有"生成+检测"（generate and test）迭代过程的搜索算法，它的基本处理流程如图 7-19 所示。近年来实践已证明了 GA 的有效性和可靠性，其越来越受到人们的广泛重视。GA 具有传统优化方法无法比拟的优势。首先，GA 的搜索一次性遍布整个解空间，因此得出全局最优解的机会大大增加。其次，以离散的标准管径为决策变量，可以不进行圆整近似优化而直接得出可能解。最后，用 GA 进行管网优化设计，一次可以得出几种不同的接近最低造价的方案，可再根据其他不同的要求选取合适的方案。

图 7-19　遗传算法的处理流程

遗传算法的关键技术主要包括编码、选择运算、交叉运算、变异运算和适应度评价等问题。在给水管网优化设计中，主要采用的技术包括：管径和管段编码、建立适应度函数、利用单亲换位算子和逆转算子进行交叉运算、设计进化策略和进化终止条件等。

2. 管径和管段编码

（1）饮水管径编码。目前应用遗传算法进行管网优化设计，普遍采用的都是二进制编码，用此编码表示管径规格会存在编码冗长的问题。同时，由于标准管径规格数目有限且不连续，势必会增大遗传操作的难度。为了改进和提高遗传算法的可操作性和实用性，本书采用实数编码。同时为了解决管径必须采用标准管径的问题，可先根据标准管径规格建立数组，例如 D_i = {100，150，200，250，300，350，400，450，500，600，700，800，900，1000}，假设标准管径系列有 T 种可选择的标准管径，那么将随机数 rand()% T（C++中）所产生的值 i 分别对应标准管径 $D_i[i = 0$，1，2，…，（T-1）]。当管网有 8 根管段，分别采用 200，350，200，400，900，1000，900，700 的管径，则可用实数编码{2，5，2，6，12，13，12，10}来一一对应地表示这 8 根管段。实数编码大大缩短了染色体的长度。由于个体的基因信息就是管径，可直接用于管网水力计算，进行个体的适应度评价十分方便，不必反复进行编码、解码操作（李黎武等，2006）。

（2）树状饮水管段编码。应用遗传算法进行树状管网优化布置，采用简单的二进制编码方法就可以完整地描述所要求解的问题。假定管网初步连接图 G 中共有 k 个节点和 n 条边，分别对图中的节点和边进行编号。以图 G 中的所有待选的边作为编码变量，各个编码变量的取值为 0 或 1。按照边的编号顺序，用一个长度为 n 的二进制字符串即可表示图 G 的一个子图，当某位上的字符值为 1 时，表示它所对应的边是构成子图的边；当字符值为 0 时，表示它所对应的边不是构成子图的边。依编码方案，用长度为 n 的二进制字符串可以表示出图 G 的所有子图，每个子图对应一种可能的管网连接方案，然后通过连通性检验，判定该子图是否为一个可行的树状管网布置方案。例如，有一个管网初步连接图 G（图 7-20），共有 5 个节点和 10 条边，节点和边的编号如图 7-21 所示，可用 10 位的二进制字符串表示图 G 的所有子图。图 7-21 是图 G 的一个支撑树，对应于一个树状管网，由边 4、5、7 和 10 组成，用二进制编码可将树 A 表示为｛0001101001｝。

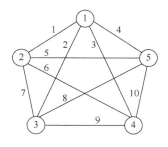 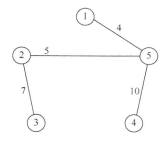

图 7-20　管网初步连接图 G　　　　　　　　　图 7-21　树 A

3. 适应度函数

遗传算法在进化搜索过程中要求以非负的最大值形式来反映个体的生存能力。为适应遗传算法的特点，结合树状管网的二进制编码方式和目标函数即式（7-2），定义适应度函数为

$$
F=\begin{cases}F_0-\left\{\left[P+\dfrac{100\alpha(1+\alpha)^T}{(1+\alpha)^T-1}\right]\displaystyle\sum_{i=1}^{n}bD_i^c L_i Z_i+AQ\sum_{i=1}^{n}h_i Z_i\right\} & \displaystyle\sum_{i=1}^{n}Z_i=k-1,Z_i\in[0,1],\text{且为一个树状管网}\\[6mm]0 & \text{其他}\end{cases}
$$

$$\tag{7-12}$$

$$
F_0=(k-1)\left\{\left[P+\frac{100\alpha(1+\alpha)^T}{(1+\alpha)^T-1}\right]bD_{max}^c L_{max}+AQh_i\right\}\tag{7-13}
$$

$$
D_{max}=\sqrt{\frac{4Q}{\pi V_{min}}}\tag{7-14}
$$

式中，F_0 为一个正常数，其值随优化问题规模的不同而变化，能够保证个体适应度 F 总为非负；$L_{max}=\max(L_1,L_2,\cdots,L_n)$ 为管网初步连接图中的最长管段，m；D_{max} 为以 V_{min} 通过管网总流量 Q 时的最大管径，m；D_i 为以 V_{min} 通过的最优管径，m；L_i 为第 i 条管段的长度，m；Z_i 为个体编码串中第 i 位上的字符值，其对应于管网中的第 i 条管段，为 0 或 1；n 为管网初步连接图中管段数；k 为管网中节点数；其他符号含义同前。

在树状管网的遗传进化过程中，首先对所产生的每一个个体进行连通性检验，判断其是否为树状管网。如果是一个树状管网，分别用式（7-4）和式（7-11）计算管段流量和管径，然后用式（7-12）计算个体适应度 F。个体适应度 F 值的大小是衡量相应布置方案优劣的标准。F 值越大表明该个体所对应的树状管网投资越小，其在进化过程中的生存能力和产生后代的概率越高。如果个体对应一个非树状管网，则个体适应度 F 值为零，其生存能力最低，在进化过程中逐渐被淘汰。

4. 单亲换位算子和逆转算子

树状管网有 n 条边，并且具有连通性，有小于或大于 n 个字符值为 1 的个体必定不是树状管网。因此，在进化搜索过程中必须控制所产生的各个个体满足成为可行方案的必要条件，即每个个体有 n 个字符值为 1。基本遗传算法主要利用交叉算子生成新个体，即通过随机地从亲代群体中选择两个个体，随机交换两个亲代个体的部分基因段生成新的子代个体。对于树状管网布置问题，交叉算子容易破坏使子代个体成为可行解的基本条件，产生可行个体的概率较小。因此，根据树状管网优化布置特点，放弃了传统的双亲交叉算子，利用包括单亲换位算子和逆转算子的单亲遗传算法（single parent genetic algorithm，SPGA）（周荣敏等，2001）。

单亲换位算子通过对母体基因链上的任意一对基因进行交换产生新个体，基因对交换次数和被交换的基因位置随机确定。例如，母体 A 对应于树 A（图 7-21），经过一次基因随机交换后产生一个新的子代个体 B，其对应于树 B，由边 2、4、5 和 10 组成（图 7-22）。

单亲逆转算子通过对母体基因链上的任意一段基因进行逆行一次产生一个新的子代个体 C，对应于树 C，由边 4、6、7 和 10 组成（图 7-23）。

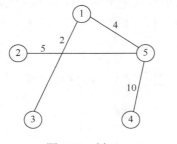

图 7-22 树 B

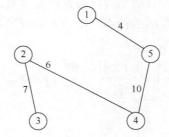

图 7-23 树 C

母体 A 0001101001 ——一次随机交换——→ 0101100001 子体 B 　　　母体 A 0001101001 ——基因段逆转——→ 0001011001 子体 C

与基本遗传算法相比，SPGA 的突出特点是：在子代群体生成过程中每个子体只有一个母体，通过对母体随机执行换位算子或逆转算子产生出具有不同性状的新个体。单亲换位算子和逆转算子既可保证新一代个体具有成为可行解的基本特性，又可提高对解空间的搜索能力。单亲换位算子能使任何一个母体通过有限次的基因换位生成另一个新个体。单亲逆转算子执行速度较快，有助于将母体中的有效基因段直接遗传到子体中。

5. 进化策略设计

在 SPGA 的进化过程中，综合应用平等选择与优先选择相结合的混合选择机制、代间竞争和群体单一化策略相结合的生存机制、单亲换位算子和逆转算子随机执行的遗传机制等进化策略，协调控制进化过程不断向理想的优化方向前进，使算法的寻优效率、收敛性和稳定性显著增强。

（1）优先选择和平等选择相结合的混合选择机制。优先选择机制是根据个体适应度的高低选择执行遗传运算的母体；平等选择机制是指亲代群体中每个个体都有相同的机会产生自己的后代。在改进遗传算法的初始化阶段，首先定义一个选择率 P_s（$0 \leqslant P_s \leqslant 1$），确定执行平等选择机制和优先选择机制的概率。当 $0 < P_s < 1$ 时，进化过程中每一代所采用的选择机制由随机数 R_s（$0 < R_s < 1$）决定。如果 $R_s \leqslant P_s$，按优先选择机制选择产生子代的母体；若 $R_s > P_s$，则按平等机制选择产生子代的母体。这种混合选择机制有利于扩大搜索空间，提高单亲遗传算法的全局寻优能力。

（2）代间竞争与群体单一化策略。代间竞争机制即在保持群体规模不变的情况下，亲代和子代共同进行生存竞争，选择最优的若干个个体构成新一代种群。群体单一化策略即不允许群体中有相同个体出现，保证群体中个体的唯一性和多样性。二者结合使群体性能在进化过程中不断提高，最终可以得到一个最优群体，即一批最优的饮水管网布局方案。

6. 进化终止条件

遗传算法是一种反复迭代的搜索方法，其通过多代进化逐渐地接近最优解。算法中采用最大遗传代数作为进化终止条件。

7.8.6 最优管网的实现

研究区选择河南省镇平县石佛寺镇。经过管网供水范围的计算，以曹营为水源地，供应石佛寺镇的 10 个自然村用水需要。这样就形成一个具有 10 个节点的干管管网初步连接图（节点 1 为曹营水源点，其余 9 个节点依次代表石佛寺镇的 9 个自然村：贺营、张庄、下凹、罗坑、田庄、乔营、姚营、小仵营和榆树庄），23 条可能的干管管道连接路线（图 7-24）。依据建立的目标函数和约束条件，应用 SPGA 进行树状管网遗传优化布置。

设置群体规模 10，遗传代数为 200 代，以不同的选择率和换位率组合模式进行优化，获得 10 个最优树状管网布置方案，其中管网投资较小的前 5 个方案见表 7-11，其中 SA1 方案管网投资最小（图 7-25）。

表 7-11 树状管网优化布置方案

编号	水源点	管网投资/元	总长度/m	管道编号								
SA1	1	68423	6400	1	2	3	5	10	11	13	19	20
SA2	1	68429	6700	1	2	3	9	10	11	13	19	20
SA3	1	69270	6300	1	2	3	5	10	11	15	19	20
SA4	1	69276	6600	1	2	3	9	10	11	15	19	20
SA5	1	69955	6800	1	2	3	9	10	11	18	19	20

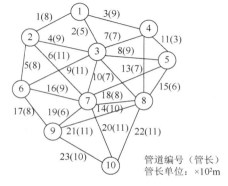

图 7-24 管网初步连接

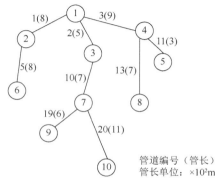

图 7-25 SA1 方案

　　把相关数据输入 ARCGIS 9.0，对目标函数、约束条件、最优管径模型和适应度函数等通过编程与 ARCGIS 9.0 建立接口，根据单亲换位算子和逆转算子已有的源代码进行改进，在 ARCGIS 9.0 里通过输入一定的变量自动输出镇平县石佛寺镇农村饮水管网规划图（图 7-26）。

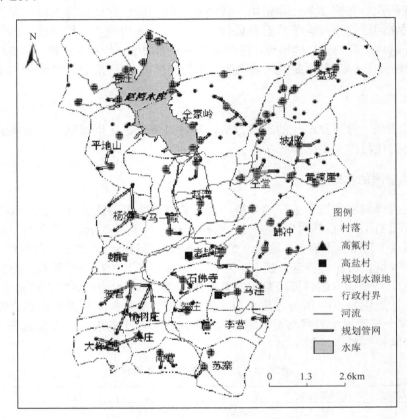

图 7-26　石佛寺镇农村饮水管网规划图

7.9　人畜饮水管网地理信息系统的设计与开发

7.9.1　系统设计原则

　　人畜饮水管网安全供水系统的主要用户为农村及村镇供水管理部门（林佳平等，2013）。农村供水水厂一般以行政村为单元分散分布，因此人畜饮水安全管网地理信息系统的设计和开发应遵循以下原则（蒋树芳等，2013）。

　　（1）动态性原则。该饮水管网系统需要对辖区内供水用户状态进行实时监控，但是受水用户的时空变化而使采集点和监测点不断改变，因此系统设计中应实现动态增删和修改功能以支持网络结点，提供阀门井采集点的数据采集、传输和控制功能。

　　（2）实时性与安全性原则。该系统主要目的是保证人畜饮水安全，保证阀门采集点和监测点数据传输的时效性。整个供水区域的采集点和监控点数据包在上传时需要进行加密处理，保障数据传输和供水管网远程控制过程的安全性。

（3）开放性与可扩展性原则。该系统的无线传感网络（wireless sensor networks，WSN）结点、GIS 模块、数据库结构都具有扩充功能，保障系统能扩展各种模块、调整和定期维护。

（4）实用性原则。对 WSN 采集结点回传的信息进行特定形式的解译、数据转发、可视化封装与集成，人机交互界面操作简便，具有通用性和实用性。

7.9.2 系统组成

系统逻辑体系结构包括物理层、服务层、数据层和应用层（图 7-27），该系统是面向整个农村饮水管理的多水厂进行联合调度以及对饮用水能够进行供水安全保障的新型管网全面信息化的管理系统。

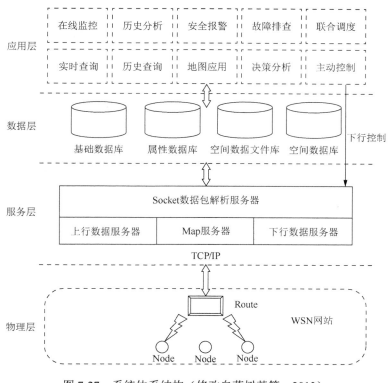

图 7-27 系统体系结构（修改自蒋树芳等，2013）

（1）物理层。该层主要是采集受水区域基础性信息和接收传感数据。连接大量分散的各种传感器装置，组成 WSN 网络，通过通信协议连接和解析采集终端路由以及基于服务层 Socket 数据的解析服务器。

（2）服务层。该层主要是连接物理层和数据层，具有解析同类型传感器节点的相关数据包、构造 SQL 语句、进行数据分类及存储和处理的功能，也具有解译、转发应用层客户端的控制命令包、访问数据和处理异常数据包的功能。

（3）数据层。该层主要是存储、管理供水水厂和供水辖区的管网、阀门井结点等数据，获得整个应用层运行所必需的空间数据和属性数据等。

（4）应用层。该层提供了数据库接口和服务器接口，实现与数据层之间的信息交换和数据传送，为供水辖区内的管理人员等用户提供应用信息。

7.9.3 WSN 网络及系统框架设计

由于不同水厂的供水管网布局不同，信息采集传感器应分散部署在各行政村的供水入口阀门井上。ZigBee 网络具有低功耗、数据传输可靠和网络容量大等特性，GPRS 的分组交换功能具有传输率高、误码率低、延时小和永远在线等特点，因此供水管网信息的无线传输和控制采用 ZigBee + GPRS 方式。饮水安全管网系统由 WSN 子网络组成，每个 WSN 子网络包含一个 Root 节点和多个分 Root 节点。每个供水阀门井 Root 节点和网关进行连接，通过 GPRS 模块或以太网把数据传送到水厂的中央控制节点上，实现阀门井结点在信息采集时的动态性组网和任意子网结点信号的无线传输与主动控制。WSN系统框架如图 7-28 所示。

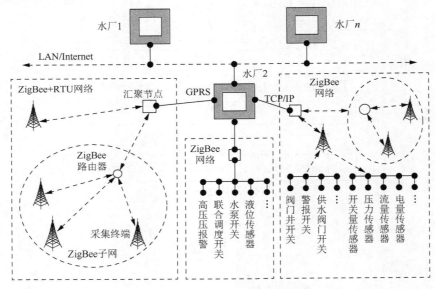

图 7-28　WSN 系统框架图（修改自蒋树芳等，2013）

人畜饮水安全管网地理信息系统由多个相关软件模块组合成一种软件群，当几个软件群协同工作时就构成具有协作化系统架构的软件群组（图 7-29）。系统软件平台包括相对独立的 Socket 数据解析服务器、数据库、远程管理与控制系统，数据交互采用 TCP/IP或者 DB Link，可分别独立运行在不同操作系统上。Socket 数据解析服务器包括上行服务器、Map 服务器和下行控制服务器。数据库包括基础数据库、WSN 属性数据库、WSN空间数据库和 WSN 空间数据文件库（表 7-12）。为了支持以插件（plug-in）与脚本（script）为基础的扩展接口，系统的配置文件用 XML 构建。在频繁收发数据过程中，系统能够保障应用程序的稳定性和安全性，支持 Windows/Linux/Unix 等多个操作系统的性能需求。

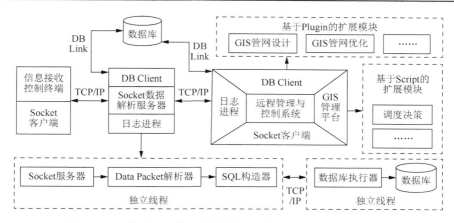

图 7-29　软件群组协作化架构框架（修改自蒋树芳等，2013）

表 7-12　数据内容描述（蒋树芳等，2013）

项目	描述	信息分类	内容
基础数据库	供水区域基础信息数据访问和数据维护	供水区域基础信息	面积、经纬度、土壤类型和自然条件等
		供水管网基础信息	管道长度、管道直径、管道材质、埋没深度、埋没时间和管理部门等
		水厂基础信息数据	机井位置、机井修建时间、井管直径、井深、静水位、动水位、维修记录和管理部门等
属性数据库	实现 WSN 数据访问和数据维护	传感器节点信息	传感器类型、数量、生产部门和基础参数等
		实时信息	传感器结点采集及上传的实时数据，包括管道压力、管道流量、设备供电状态、阀门开关状态、机井液位和防盗信息等
空间数据库	矢量、栅格等图形数据存储于维护	点状信息	机井、阀门井和采集点
		线状信息	供水管网
		面状信息	水厂供水区域、阀门井控制区域
		影像信息	遥感数据、地形数据
空间数据文件库	提供空间地图文件的动态链接、地图配置数据	地图配置文件	数据源描述、地图范围、图层名称、WSN 节点编号、地图符号类型和颜色等地图配置参数

7.9.4　系统模块设计

（1）WSN 网络通信模块。该模块主要实现各个水厂之间供水阀门井采集点、监控点的自由组网和网内通讯。根据设备终端类型、传输类型和数据量定义通信协议，包括网络内终端设备编号信息（#define ADR）、命令码（#define CMD）、数据域（#define DAT）、从属子设备号（#define ADRZ）和校验码（CRC）等。CRC 主要保障数据传输的安全性和可靠性。另外，添加设备在线状态码（#define STA）、数据起始码（#define STX）和结束码（#define END），以方便查询设备的在线状态。

（2）系统守护进程模块。该模块为 Socket 数据解析服务器、数据库、远程管理与控制系统提供相应的进程守护功能，便于硬件设备维护、软件的数据完整性维护和系统设备的热插拔。守护线程设置为最高级别的线程，系统运行时，守护线程不断巡检其他工作线程的在线和工作状态，如果系统发现异常，那么立即重新启动相应的线程。Socket数据解析服务器的守护线程主要是链接 Socket 服务器、数据库、远程管理与控制系统。数据库的守护线程主要是维护数据的完整性，避免由于物理线路或设备的突然中断而导致可能的数据丢失。远程管理与控制系统的守护线程当与数据库、Socket 服务器的链接出现异常时，能够自动重新启动相应线程，并重新进行链接。

（3）系统日志诊断模块。该模块主要是分级管理整个管网系统各个部分的日志，监听信息、采集和控制不同终端数据的访问情况，管理终端下位机的各种控制指令转发和反馈，对服务器各线程间进行系统化的分级管理，为系统提供运行过程中的潜在问题、错误和安全漏洞等运行状态和报错信息。该模块定义消息级别并确定发生的事件是否已写入日志文件中。信息服务器每运行一次就会自动生成相应的日志文件，记录用户登录、访问和相关操作信息。为了方便查询和管理，日志文件名称一般以"系统日期＋序号"进行命名，如"2010_10_08*.log"。当出现单个文件存储内存大于 2M 时，该模块就会对其自动分割，重新生成新的文件，包括日期、在线采集终端设备数、控制终端分节点个数、信息串、插入数据库信息、在线设备 ID、上传命令信息串长度和系统记录错误消息等。系统运行异常时，操作者可以提取和分析日志文件，快速找到异常问题。

（4）Socket 数据监听、解析与转发模块。该模块利用 Socket 技术监听系统端口，使系统能同时接受多个终端的连接请求。当系统收到终端 RTU-GPRS、ZigBee 设备或者是用户的相关链接请求后，能够实时响应，建立点到点连接，完成数据发送和接收。连接建立后，根据特征函数判别上传数据的 Root 节点和接口类型，建立 WSN 上传结点与上传路由点的映射关系表。操作者从数据包的信息数据位中获得相应的信息数据，形成有效的数据记录，同时构建标准 SQL 语句，对数据进行分类，并插入数据库的信息表中。数据包的接收、解译与转发的流程如图 7-30 所示。

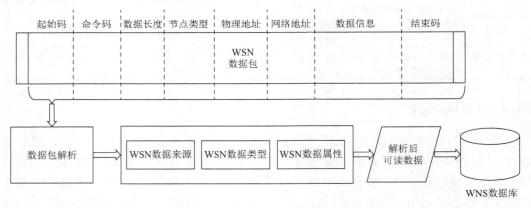

图 7-30　数据包接收、解译、转发流程（修改自蒋树芳等，2013）

当用户进行控制请求时，数据包解析器按照控制请求的属性特征函数解译信息，同时自动生成具有控制命令的二进制数据包，按照通信协议将数据包从 Router 下发到相应 IP 地址和端口的终端设备上，使具有唯一标识的设备终端能够及时做出正确的响应，从而实现不同行政村供水阀门开关的主动控制和报警联动控制（图 7-31）。

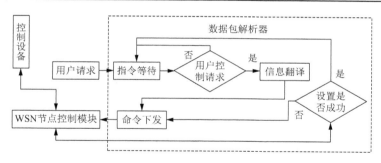

图 7-31　用户指令接收、解译、转发流程（修改自蒋树芳等，2013）

（5）GIS 数据服务和空间信息处理模块。GIS 数据服务是基于 Map 服务器，为应用层地图的应用请求提供空间数据和属性数据。Map 服务器利用双通道组织结构接收客户端用户提交的地图服务请求，从属性数据库、空间数据库和地图配置参数数据库中提取所请求的数据，通过地图操作，将地图数据通过 Internet 返回客户端。利用 AJAX（asynchronous javascript and XML）技术实现供水辖区内地图数据的异步传输和浏览器页面的实时动态更新。指令信息数据量较小，保存在关系数据库的两个独立指令信息表中（表 7-13）。

表 7-13　指令信息（蒋树芳等，2013）

字段名	RTU_ID	ZigBee_ID	Birth	Sequence_ID	Swith_DI1	Swith_DI2
字段类型	int	int	Timestamp	Bigint　unsigned	tinyint　unsigned	tinyint　unsigned
描述	RTU 设备号	ZigBee 终端号	接收时间	主键 ID 号	指令输出	指令输出

（6）分析与决策服务模块。该模块主要是进行实时监控、决策分析、险情报警、历史查询、故障排查和主动控制。主要实现以下功能：多水厂供水的联合调度、防盗和故障报警、供水管网关键设备参数和运行状态的远程无线监控、实时存储数据、历史查询与分析处理及供水阀门的主动控制。如果某水源受到污染，通过联合调度控制设备远程切断上游的污染水源，选择就近水厂临时调水，防止供水区域出现大面积的污染。如果原有机井供水量不足，灵活选择水量充沛的联网水厂进行联合供水。

基于软件群组协作化工作的框架利用 GIS、WSN 和数据库等技术，实现多个软件群协同工作，能满足多水厂的联合调度、人畜饮水的安全调度、供水管网的实时监控和信息化管理等需求。同时，该设计方案具动态性、开放性与可扩展性。人畜饮水管网地理信息系统为农村饮水供水管网的规模化和规范化提供了信息化的管理思路，为人畜饮水工程建设和维护提供了技术支撑。

第8章　饮水安全地理信息系统设计与开发

饮水安全地理信息系统是一项内容复杂、规模巨大的系统工程，合理组织、协调关系、保证资金及制定正确的开发策略，对成败具有决定意义。设计和开发饮水安全地理信息系统，首先要充分调查用户需求，包括用户信息流程、运行机制、现有数据基础、用户对系统和产品的要求等，并写出用户需求分析报告。其次，确定硬件和软件配置，根据系统结构设计数据库，包括用户界面、数据组织与分层、图库和属性管理等，确定数据模型和结构、分类编码、数据标准化，规范软件开发文档，包括文档类别、内容和书写格式等。最后建立样区系统，收集和整理数据，并进行实验研究，以修改和补充系统。

GIS 的二次开发、WebGIS 和 ComGIS 的发展有力地促进了 GIS 在饮水安全系统设计与开发中的应用（江崇礼等，2001）。黄文彬等（2008）利用 GIS 的 MapInfo 模块调用相关地图，并进行了立体可视化显示，构建了浙江省农村饮水安全查询系统。王昌云等（2013a）利用 GIS 空间分析、移动端远程监测、风险评价、远程数据采集与传输等技术开发了饮水安全检测与预警系统。蒋树芳等（2013）将无线传感器网络（WSN）数据获取系统应用于 GIS 中，开发了人畜饮水管网安全供水系统。Kisteman 等将 GIS 与 HACCP 结合，评价了莱因伯格地区饮用水的安全性，建立了供水结构地理信息系统。孙钰等（2014）基于 WebGIS 和 FLEX 语言框架开发了饮用水的水源地水质监测与评价系统。侯景伟等（2008a）利用 Arc/Info 软件本身提供的空间分析模型，加入了随机性理论模型、模糊理论模型、环境预测模型、综合指数评价模型、灰色理论模型和环境决策模型等，开发了饮水安全评价与预测系统。蔡子昭等（2013）利用 SQL Server 2000 构建了地下水污染调查数据库，利用 MapGIS 二次开发库、VC++和 Delphi 组件开发等技术设计并开发了地下水污染调查信息系统。本书的第 4 章、第 5 章、第 6 章和第 7 章已经分别论述了水源地水质监测与评价地理信息系统、饮用地表水监测地理信息系统、地下水污染信息调查系统和饮水管网地理信息系统的开发与设计，本章拟从饮水安全信息查询、应急响应、评价与预测等方面的系统设计与开发实例阐明 GIS 开发在饮水安全中的应用。

8.1　饮水安全信息查询系统的开发与设计

8.1.1　系统功能分析

饮水安全信息查询系统主要实现地图操作、数据管理、信息查询、三维地形显示和其他功能（黄文彬等，2008）。主界面子系统主要用来提供用户登录和身份验证功能和其他子系统相互连接操作的平台。地理信息管理子系统通过 GIS 技术为地理信息的采集、管理和专题图制作提供服务，可用 B/S 方式进行数据采集。地理信息和水信息查询子系统采用 GIS 和数据库技术实现各项信息的查询、管理功能，数据库管理系统提供和管理空间数据和属性数据，全部数据存放在 Server 端，允许多个用户并发访问。专题图制作和显示系统通过连接数据库，将各种专题信息汇总并制作各种类型的专题地图。系统功能的设计与开发要体现开放性、可扩充性和服务个性化的要求。系统结构如图 8-1 所示，系统构架如图 8-2 所示。

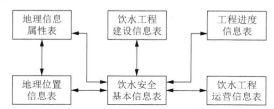

图 8-1　系统结构（修改自黄文彬等，2008）

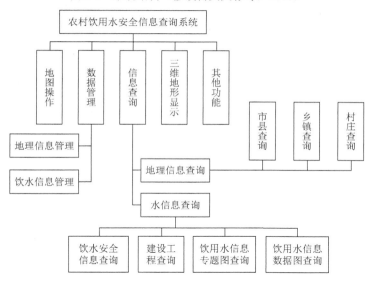

图 8-2　总体构架（修改自黄文彬等，2008）

　　数据管理主要包括地理信息和饮水信息的管理。地理数据管理主要是通过 MapInfo 的直接调用对数字地图进行编辑和制作，包括图层加载、图层显示、图层删除和图层移动等，饮水信息管理主要是基于编程实现的数据库操作。

　　信息查询主要包括地理信息查询和水信息查询。地理信息查询主要是根据给定条件查找相应的地理位置和属性信息，能按照市县、乡镇和村庄等不同等级范围实现查询，也能按照点、线、面、名称、编码和人口数等条件查询并在地图上进行显示。水信息查询是依据给定条件查找以位置关系为基础的饮水安全信息，可在地图上对查询对象的地理位置进行标记。

　　地图操作主要用于制作市县、乡镇和村庄三个层次等级的专题图，可依据总人口数、水质不达标、水量不达标、用水方便程度不达标和水源保证率不达标等数据制作相应的专题图。通过专题图，可以比较饮用水安全情况和饮水工程建设情况的时空特点。

三维地形显示主要是根据 DEM 等地形数据在系统平台上显示地形、污染物浓度等的三维模型，增强数据的可读性。系统可扩展其他功能，如媒体控制和系统帮助等。

8.1.2　系统数据库设计

数据库是饮水安全信息查询系统开发与设计的基础。系统数据库由地理信息数据库和饮水信息数据库 2 部分组成。数据编排时，可以地名编码作为表连接字段的主键，即由省、市、地区、县市、乡镇和村庄名称组成的 12 个数字字符表示（表 8-1）。地理信息数据库地理位置数据表的设计见表 8-2，饮用水安全信息数据库主要数据表的设计见表 8-3～表 8-6。

表 8-1　数据连接表（黄文彬等，2008）

地名编码	地区级别	说明
＊＊*0000000000	省	除省编码不为 0 外，其他编码值均为 0
＊＊＊＊*00000000	市、地区	省、市（地区）编码不为 0，其他编码值均为 0
＊＊＊＊＊＊*000000	县、（县级）市	前六位编码不为 0，后六位编码值均为 0
＊＊＊＊＊＊＊＊＊*000	乡、镇	前九位编码不为 0，后三位编码值均为 0
＊＊＊＊＊＊＊＊＊＊＊＊	村庄	编码完整

表 8-2　地理位置信息表（黄文彬等，2008）

Encode					PrTable			
序号	名称	字段名	类型	备注	序号	名称	字段名	类型
1	序号	Id	Int	—	1	序号	Id	Int
2	地名编码	GeoCode	Char（12）	主键	2	地名编码	GeoCode	Char（12）
3	地理名称	GeoName	Char（30）	—	3	地理属性	Geoprty	Text
4	地理经度	L	Double	—				
5	地理纬度	B	Double	—				

表 8-3　饮用水安全基本信息（jbxx）（黄文彬等，2008）

序号	名称	字段名	类型	备注
1	地理名称	GeoName	Char（30）	—
2	采集日期	DataData	Datatime	—
3	农村总人口	PopSum	Int	—
4	饮水安全人口	aqrk	Int	—
5	饮水不安全人口	Baqrk	Int	—
6	工程竣工日期	gcjrq	Datatime	—
7	水质不达标	szbdb	Int	—
8	地名编码	GeoCode	Char（10）	县 6+镇 3+村 3
9	建设工程代码	gccogde	Char（10）	X+县代码+4 位流水号
10	水量不达标	szbdb	Int	—
11	用水方便程度不达标	fbbdb	Int	—
12	水源保证率不达标	Bzlbdb	Int	—
13	拟解决方式	jjfs	Text	—
14	备注	bz	Text	—

表 8-4 饮用水工程建设信息（gcjsxx）（黄文彬等，2008）

序号	名称	字段名	类型	备注
1	建设工程代码	gcdm	Char（10）	X+县代码+4 位流水号
2	总投资	ztz	numeric	单位：万元
3	中央专项资金	zxzj	numeric	单位：万元
4	省专项资金	szxzj	numeric	单位：万元
5	地方资金	dfzj	numeric	单位：万元
6	建设内容	jsnr	Text	—
7	受益人口	syrk	numeric	—
8	工程所在地区	gcszdm	Char（30）	—
9	开工日期	Kgrq	Datatime	—
10	计划竣工日期	jhjgrq	Datatime	—
11	工程项目名称	mc	Char（30）	—
12	竣工日期	jgrq	Datatime	—
13	备注	bz	Char（100）	—

表 8-5 饮用水工程运营信息（gcyyxx）（黄文彬等，2008）

序号	名称	字段名	类型	序号	名称	字段名	类型
1	地名编码	GeoCode	Char（12）	8	年维修费用	wxfy	Numeric
2	地理名称	GeoName	Char（30）	9	年供水量	gsl	Numeric
3	资料采集日期	Data	Datatime	10	水费单价	dj	Money
4	责任人姓名	xm	Char（6）	11	年水费总收入	zsr	Buneric
5	责任人电话	dh	Int	12	年运行总支出	zzc	Numeric
6	年停水天数	tsts	Int	13	存在的主要问题	wt	Text
7	年维修次数	wxcs	Int	14	工程图片	tp	Image

表 8-6 工程进度信息表（gcjd）（黄文彬等，2008）

序号	名称	字段名	类型	序号	名称	字段名	类型
1	建设工程代码	gcdm	Char（10）	12	累计省级	ljsj	Numeric
2	计划年度	jhnd	Char（4）	13	累计地方	ljdf	Numeric
3	计划投资	jhtz	Numeric	14	累计其他	ljqt	Numeric
4	计划收益人口	jhsyrk	Numeric	15	累计收益人口	ljsyrk	Numeric
5	已完成月份	ywcyf	Int	16	累计学校人口	ljxxrk	Numeric
6	已完成投资	ywctz	Numeric	17	累计工程进度	ljgcjd	Numeric
7	已完成收益人口	ywcsyrk	Numeric	18	累计供水规模	ljgsgm	Numeric
8	已完成供水规模	ywcgsgm	Numeric	19	累计村数	ljcs	Numeric
9	已完成村数	ywccs	Numeric	20	累计村名	ljcm	Char（10）
10	累计投资	ljtz	Numeric	21	备注	bz	Char（100）
11	累计中央	ljzy	Numeric				

8.1.3 系统实现

系统功能实现是在系统前期分析与设计的基础上，利用合适的开发技术实现系统功能的过程。

输入正确的用户名和密码后可以登录到系统的主界面。系统进入主界面后可以操作各种功能。

地图操作和管理功能利用 VB + MapX 技术实现。地图操作包括图层的加载、移动、显示、删除、隐藏和地图制作与编辑等。饮水信息管理通过操作数据库进行编辑和查询。

饮水信息查询包括饮水建设工程和饮水安全信息的查询，可以根据地理位置进行查询。地理信息查询主要是给定条件查找位置并在地图上显示，也可以按照位置和人口数等条件进行查询。

制作专题图的过程就是按照饮水信息数据对地图进行渲染的过程。在制作专题地图时，要选择县市、乡镇、村庄等数据库文件中相应的表，并指定表中需要渲染的字段，就可以生成独立值、分级统计、点密度、等级符号、多变量柱状和饼状等专题图。

三维地形的显示功能是直接调用 GIS 软件（如 ArcGIS）的控件，将数字高程模型在系统中进行显示，增强数据的可读性。

8.2　饮水安全应急响应系统的开发与实现

饮水安全应急响应是指政府及水利等公共机构在饮水安全事件处置过程中，通过建立必要的应急机制，采取一系列必要措施，保障公众生命财产安全，促进社会和谐健康发展的有关活动（侯景伟等，2011）。

饮水安全应急响应的每一过程和环节都与空间的地理要素密切相关，因此把 GIS 技术应用到饮水安全应急响应中已成为当前研究的热点问题之一。Jacob 等（2009）使用风险分类方案和蒙特卡洛分析法来预防供水污染。Martin 等（2004）设计了基于 GIS 的泄露管理信息系统。Njemanze 等（1999）用概率层分析方法评价了不同水源水引起的腹泻病，提出了减少这种危害的控制措施。许伟等（2007）构建了饮用水水源污染事故应急预案的框架。徐满清等（2007）述评了 GIS 在突发性水污染事故应急管理中的应用和发展方向。丁贤荣等（2003）对水污染事故进行模拟分析，为处理突发性水污染事故提供强有力的决策支持。

这些研究成果，都缺乏一定的系统性，只是从饮水安全应急响应的某个侧面进行研究。本节试图利用 GIS 比较系统地研究饮水安全应急响应问题，及时、直观地提供重大事故隐患信息、重点污染源信息和抢险救援信息，形成对重大饮水安全事故的可靠预防、监测监控、快速预警、快速响应的运行机制，构筑强大的公共安全保障体系，预防和减少事故造成的损失。

8.2.1　影响饮水安全应急响应的主要因素

饮水安全应急响应通常具有突发性和高度的不确定性，它的发生和发展难于预测和预防，受到诸如法律、政治、经济、技术、自然以及时间等多种因素的影响，这对地方进行响应选择提出了很大的挑战。

法律支持是确保饮水安全应急响应的制度保障（苗作华等，2007）。我国相继出台的《国家突发公共事件总体应急预案》《国家安全生产事故灾难应急预案》《关于加强企业应急管理工作的意见》《中华人民共和国突发事件应对法》等一系列法律、法规和规范性文件，在制度层面初步建立起应急响应工作体系，基本明确了各级政府的灾害管理责任。

政府支持是确保饮水安全应急响应的政治保障。明确中央和地方的责权，建立两者间责任分担机制，实现相互间信息共享、风险共防、责任共担，从而优化应急响应行为。

资金支持是确保饮水安全应急响应的经济保障。中央、省级以及地（市）级财政设立饮水安全应急响应专项资金，并对资金使用和管理予以规范。要从经济的合理性角度来强调应急响应应该以最小的代价实现最大的安全目标（王慧娟等，2008）。

技术支持是确保饮水安全应急响应的技术保障。应急响应涉及多门学科，需要从不同部门获取资源：人力资源部人员、法律顾问、技术专家、安全专家、公共安全官员、饮水安全管理人员、最终用户、技术支持人员和其他可能涉及饮水安全应急响应的人员。增强协同合作响应，使用最新技术，获取实时数据，是饮水安全应急响应的决定性因素，是从经验走向科学，从感性走向理性的重要举措。

自然因素是造成饮水安全隐患的主要方面。洪水、地震、低温和风力等因素的影响都可能对饮水安全造成现实危害性和潜在危险性。

压缩时间、快速响应是饮水安全应急响应的一个重要方面。饮水安全应急响应的时间结构包括：报警时间、接警时间、处警时间和出警时间。处警时间和出警时间是影响应急响应时间的关键所在，要缩短应急响应时间，首先就要缩短处警时间和出警时间。

8.2.2　饮水安全应急响应实现的途径和方法

饮水安全应急响应需要各种人力、物力和财力等应急资源保障和 GIS、GPS 和 RS 等技术保障，在构建饮水安全应急响应数据库的基础上，进行应急预案、应急报警和应急处置。

1. 饮水安全应急响应数据库设计

饮水安全应急管理数据库的设计是一种层次关系设计：总库>分库>图层。其对象关系和组织层次如图 8-3 所示。

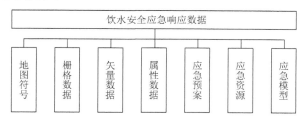

图 8-3　饮水安全应急管理数据库的组成

地图符号库是利用 ArcMap 中的 Style Manager 工具，将拍摄的图片制作为点状符号（marker symbols）、线状符号（line symbols）和面状符号（fill symbols），见图 8-4。栅格数据库存储地形图、土地利用图、地下水埋深等值线图、地下水开采模数图、降雨量径流深等值线图和污染源点图等。矢量数据库存储乡镇位置、行政村位置、自然村位置、供水工程位置、主要井泉位置和水文雨量站等点状数据；县界、乡镇界、村界、水系、等高线、等降水量线、地下水埋深等值线和径流深等值线等线状数据；县域面状、乡镇面状、行政村面状和水库面状等面状数据。属性数据库存储风险源污染的种类、存储量、贮存方式和日常用量、日排放量影响范围等；污染物的理化性质、毒性等，污染物的现场监测方法、处理方法和采样方法；污染物实验室分析方法、污染物防护措施；

历史污染事故发生时间、处置方法、后果和结论等。应急预案库存储预案概况、预案基本要素、准备程序、基本应急程序和恢复程序等。应急资源库存储事故应急救援中所需各类设备、设施和器材等的类型和数量和权属信息等。应急模型库存储各种水质评价模型、各种水污染扩散模型、饮水预测模型、爆管模型和阀门关停模型等。

图 8-4　面状符号设计

2. 饮水安全应急预案设计

应急预案是应对各种危机突发事件的事前规划，是对危机事件、可能出现的状况及应对的措施等的描述，是应急决策的重要依据。利用 GIS 技术，可以克服传统文本预案缺乏科学模型支持、形式枯燥、查询困难、表达不直观和可操作性差等缺点。在重大饮水事件发生时，指挥员根据实际情况，在预案库中，通过事件信息等关键词检索、组合，得到几个初始的处置预案，帮助指挥人员参考、选择，快速做出处理决策。利用 GIS 可以模拟饮水安全应急预案所制定的救援过程，检验预案的合理性和有效性，并对预案进一步完善，以保证在突发事件发生时能够迅速、有效地采取应对措施。应急预案的执行流程见图 8-5。

3. 饮水安全应急报警设计

（1）地下水位报警设计。按照地下水位埋深与其他因素的关系，将地下水位埋深划分为几个等级。合理的地下水位应在一个范围区间内，可用临界值（警戒线）来表征，针对不同的影响因素，地下水埋深的上下限也不尽相同。根据实时检测的地下水位进行地下水数据插值，判断插值后的地下水埋深位于哪个区间之内，当其值大于或小于合理的地下水位临界值时，对该区域进行报警（系统在地图上相应位置闪烁报警或者通过蜂鸣器用声音报警），划分警报区域。

（2）污染物超标报警设计。在饮用水源地或输水管网内安装环境在线监测设备，实时自动化获取当前的水温、水压和各种水质污染参数等监测数据，并通过无线通信传回，保存在数据库中，并与监测因子的临界值进行对比，一旦超过临界值，则报警提示（谢洪波等，2008）。系统查询与此监测设备关联的排污口和所属企业等信息，在电子地图上高亮显示。GIS 可对污染影响的区域生成缓冲区，提供给区域内的居民，以便准备防范措施。

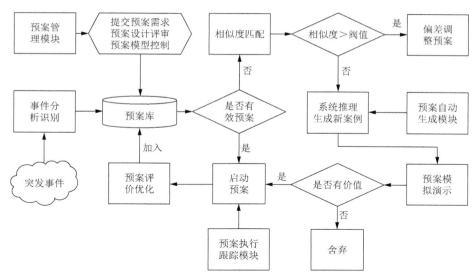

图 8-5　应急预案的执行流程

（3）管道漏水报警设计。比较分析某一管道两端水表水量的差值是否超过所设置的阈值，如果超过这个阈值，就在地图中高亮度显示，进行报警。系统查询该管道上游的阀门位置，并高亮度显示，利用 GIS 连通分析和网络分析功能，结合当前的阀门开关状态和水的流向，制定出最优化的关阀方案，分析出需要关停的管道和停水的详细区域。

4. 饮水安全应急处置设计

饮水安全事故发生后的最初几分钟，是控制事故和减轻损害最为关键的时刻。基于 GIS 的饮水安全应急响应就是要在最短时间内处理大量与事故相关的空间和属性数据，调动工程抢险、交通管制、医疗救护、环境保护和专家支持等一切可能的力量，迅速控制事件的发展，并尽快采取不同等级的应急反应。

（1）应急方案选择。按照饮用水污染物毒性等指标将饮用水安全污染事故分为四个级别：污染物为剧毒、高毒的为Ⅰ级；中等毒性的为Ⅱ级；低毒的为Ⅲ级；微毒的为Ⅳ级。基于 GIS 的饮水安全应急响应采用 C/S 运行模式。接到事故报警，首先由应急指挥部办公室出警人员到事故现场核实并汇报情况，然后根据出警人员反馈情况作初步判断并报应急指挥部启动相应级别的应急反应（图 8-6）。

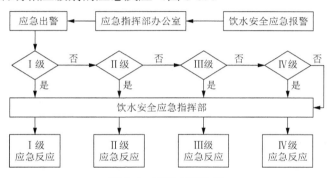

图 8-6　应急方案选择

（2）应急路径选择。一旦饮水安全污染事故级别确定，GIS 把方案具体化，进行网络分析，产生出尽可能详细的行动指令，计算出到达事故现场的最短路径，通过 WebGIS 或者网络把指令发布和传达到相应的执行部门，力争在最快的时间做出最佳反应，把生命财产损失降到最小。

（3）应急关阀设计。供水管网是一种有压流的"连通图"。在 GIS 环境下，可通过管网的网络拓扑分析，找到最小的阀门封闭区域。从爆管管段开始，分析该管段两端的节点类型（阀门、水表、三通、四通、弯头、变径、堵头和消火栓等），若 2 个节点都是阀门，分析即可结束；若其中一个节点为阀门，则从另一节点出发，搜索与之相连管段的另一节点类型，反复搜索下去，直到找到形成最小封闭区域的所有阀门；若 2 个节点都不是阀门，则分别从 2 个节点进行遍历搜索。该搜索过程是一个递归过程。在递归搜索过程中，记录所有经过的管段即为事故影响范围。应急关阀设计算法见图 8-7。

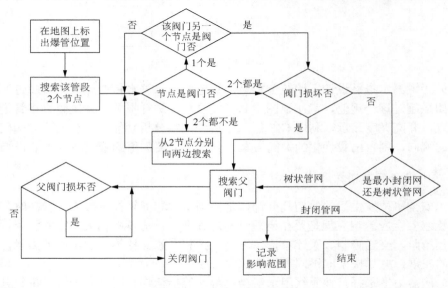

图 8-7　应急关阀设计算法

5. 饮水安全应急动态模拟设计

动态模拟是指以动画的方式处理动态模拟对象，以模拟实体目标随时间的变化所产生的行为和事件等的可视化方法，包括动态地图模拟和应急动态演播。

动态地图模拟是利用符号动画和地图切换相结合的方式实现的。首先，在数据库中，需要存储每一幅地图和每一幅地图的名称、执行时间、地图中心点和地图比例尺等参数；其次，在每一幅地图上，用符号动画进行移动、闪烁、缩放、变形和显隐等操作；最后，根据需要，在特定的时刻将地图窗口切换到存储的某一个感兴趣的地图。如此循环模拟，使应急数据的模拟过程更加形象、生动。例如，通过 GIS 平台和电子地图或遥感影像，输入水速、风速、初始污染浓度和模拟时间长度等参数，系统可以根据污染扩散模型，模拟生成指定时间内污染物顺水流扩散的路径及浓度变化，比较真实形象地展现二维或者三维的污染扩散过程，对污染影响范围、速度等要素进行快捷、直观的模拟，获得扩散范围内的居民情况，便于及时疏散群众，确保人民生命安全。

应急动态演播是利用 ArcMap 中的 Animation 模块实现的。Animation 模块可以创建地图层、时间层和地图视图 3 种关键帧，还可以创建动画组和路径飞越，加载和保存动画文件，对关键帧、轨道数和时间域进行管理等。利用 Animation 模块进行应急动态演播，可以直观地查看应急管理的整个过程，主要包括播放、暂停、停止和设置播放速度。可以通过编辑脚本文件，为播放过程添加脚本命令和音效效果，设置播放的时间比例尺（预警数据播放时间与真实时间之比），调整滑块位置等，增加演播数据的真实性。

8.2.3　应用案例

本研究以河南省镇平县为案例。镇平县位于河南省西南部，位于 32°51′N～33°20′N，111°58′E～112°25′E。

1. 系统功能实现

系统的各种功能模块是在 Microsoft Visual Studio 2008.NET 和 ESRI 公司的 ARC/Info 9.3 软件平台上，应用 ArcObjects 进行二次开发的。图 8-8 是开发的饮水安全应急响应系统界面。

图 8-8　饮水安全应急响应系统界面

2. 监测信息的采集、分类和输入

采集实时监测数据是饮水安全应急响应成败的决定性因素。利用视频、无线浓度监测仪获取事故现场的真实情况。采用先进的计算机技术、网络技术、卫星应急通信系统、对讲机、发电机、超短波电台和手持 GPS 等实时地将事故现场的管道视频信息、无线视频信息、高点视频信息和无线浓度监测信息传输到应急指挥中心，在 GIS 平台上直观展现现场真实状况，为决策人员提供决策依据。

应急响应系统需要大量的、类型多样的历史数据和实时数据（空间数据、属性数据和时间数据），对监测信息进行有效的分类，将有效地提高现场数据的管理水平。把采集的数据分别按照栅格、矢量、属性、应急预案和应急资源进行分类。通过不同的数据接口，把不同的数据类型分别输入到已建好的栅格数据库、矢量数据库和属性数据库。GIS 自动调用地图符号库、应急资源库、应急预案库和应急模型库来预测突发事件的影响范围和发展趋势，并在电子地图上可视化展现，为应急响应和辅助决策提供空间信息支持和技术手段。图 8-9 是建立的饮水安全应急管理数据库。

图 8-9　饮水安全应急管理数据库

3. 地下水污染超标报警

镇平县集中式供水工程的水井下和输水管网内都安装有环境在线监测设备，能实时自动化获取当前的各种水质污染参数等监测数据，并通过无线通信传回，保存在数据库中，并与监测因子的临界值进行对比，一旦超过临界值，则报警提示。图 8-10 显示了镇平县各乡镇饮水安全和基本安全人口与不安全人口的比例构成，以及地下水高含砷、高含氟、高含盐和污染严重的分布规律，通过高亮显示进行报警。

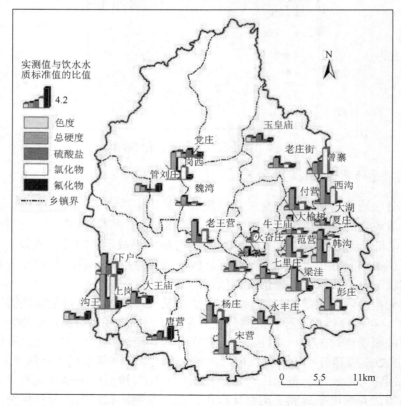

图 8-10　镇平县地下水污染超标报警

4. 水源污染应急处理

应急水源污染处理应遵循先堵截源头，辅以加强制水工艺，后考虑关闭取水口，启动备用水源的原则（王建雄，2006）。镇平县城市饮用水水源来自镇平北部山区的赵湾水库。当污染物尚未流入水库时，抢险队可根据阻水堰、围隔等进行堵截，使污染物与周边环境隔离，防止污染物质扩散。当污染物已经进入水体时，水质监测队把检测到的泄漏物质毒性、泄漏量、泄漏位置、水的流速、河湖段面和水深（截面积）等数据通过 GPRS 等手段发送到指挥部，GIS 能估算污染物转移、扩散速率，预测污染物质到达取水口等敏感区域的浓度、概率和时间等，确定水质受污染程度及供水安全情况，从而决定是否关闭水厂取水口，启动备用水源。

饮水安全应急响应是一项复杂的系统工程。充分利用 GIS 技术，可以实现饮水安全应急响应平台的信息化、模型化、数字化、可视化和决策的科学化。在 GIS 技术的支持下，构建饮水安全应急响应数据库，进行饮水安全的应急预案、应急报警和应急处置，使有关领导及时准确地进行决策，减少饮水安全重大事故造成的各项损失，具有一定的社会和经济效益。

8.3　饮水安全评价与预测系统的开发与实现

饮水安全直接关系到人们的身体健康。随着经济发展、人口增长、农药化肥大量施用以及工业废水不达标排放，饮水安全问题已受到社会各界的高度关注。近年来，GIS 发展十分迅速，已广泛应用于社会经济生活的各个领域。GIS 能够提供一种全新、可靠、科学及合理的处理空间信息的方法。把具有明显地理空间分布特征的饮水安全数据与地理信息系统相结合，能更加完善、合理地评价和预测饮水安全问题（侯景伟等，2008b）。

8.3.1　国内外研究现状

国外有很多学者利用 GIS 来监测和评价饮用水的水质。Anbazhagan（2004）、Fytianos 等（2004）分别在印度麦哈若沙地区、希腊北部萨洛尼卡地区收集了各个监测点的水质监测数据（氟化物、总硬度、砷和硝酸盐等），与 GIS 相连接，以不同的颜色和符号在地图上标注，并且采用空间分析方法将水源按照水质情况进行等级划分，揭示水质超标的原因，为寻找水质优良的水源起到了指导性作用。Njemanze 等（1999）采用 ARC / INFO GIS 软件将尼日利亚的 39 个饮用水源的地理、水文、人口、疾病和环境污染的资料置于不同的图层，用概率层（PLA）分析方法对饮用水源进行安全性评价。PLA 分析方法不仅能够对不同水源水引起的腹泻病在不同的地图层进行评价，而且能够提出减少这种危害的控制措施。Kisteman 等（2002）将 GIS 与危害分析和关键控制点（HACCP）理论相结合，在莱因伯格进行饮用水安全性评价研究，建立供水结构地理信息系统（WSS-GIS）。该系统既能进行以 HACCP 为基础的水质安全的监测和评价，同时能够应对突发事件。

在国内，中国疾病预防控制中心（centers for disease control, CDC）农村改水技术指导中心在 2003 年首先将 GIS 应用于水质监测中，建立了基于 GIS 的水质监测网络，对全国 147 个县 1500 多个监测点水中的氟、砷进行监测,并在地图上展示了水质监测结果,辅助专业人员进行水质评价,为制定地方病防治策略提供了基础资料。后来,中国疾病预防控制中心(centers for disease control, CDC)农村改水技术指导中心和信息中心联合,在 Supermap 2000 的基础上,在 VB 编程语言环境中利用组件提供的功能,采用组件式集成二次开发方式开发了"中国饮用水水质监测地理信息系统"软件。它将空间数据信息(省县地图)及属性信息(水质监测数据库)结合起来,实现图和数据库的共同处理和查询分析,图文并茂、形象直观且界面友好。

从国内外的研究现状可以看出,GIS 技术与环境流行病学和环境毒理学方法相结合,基本上能实现饮水安全的监测和评价。但是,该方法也存在一些缺点:评价模型单一,缺乏选择性;评价因子较少,缺乏综合性;评价功能不多,缺乏预测性等。因此,在前人研究的基础上,构建一个基于 GIS 的饮水安全评价与预测系统势在必行。

8.3.2　系统总体设计

1. 总体设计目标

基于 GIS 的饮水安全评价与预测系统是在各饮用水水质监测的基础上,综合计算机图形技术、GIS、RS 和 GPS 等多种高新技术,实现饮水安全信息接收、传输、处理、存储、分析、评价和预测等,为各级政府和水利部门对饮水安全的管理和决策提供有力的信息技术支持。

2. 总体设计原则

饮水安全评价与预测系统的设计是以 GIS 技术为依托,以 GB 5749—85 为依据,以水质监测空间数据库为基础,利用成熟的评价方法实现区域饮水水质的综合评价与预测,并实现评价成果的可视化管理(邵志雄,2007)。

主功能界面基于通用 ArcInfo GIS 软件,研究与 GIS 相结合的饮水安全评价模型,针对研究提出的模型,编制相应的应用程序模块,并将各模块与 GIS 集成。在设计系统时要做到以下几点。①交互性:用户可以在图上看到数据的变化,同时又可以在图表任何位置看到相应的具体数据,能使非计算机人员易于以对话方式实现图文双向查询,协助和支持决策者做好决策。②可扩充性:该系统采用可扩充的数据存储结构,当监测项目有增减时,只需改变某些属性的设置而不需要改变数据库结构和程序,就可以适应新的实际需要。③实用性:系统的输入和输出、起源和归宿都是决策者。因此,分析和设计时首先要考虑决策人员在系统中的主导作用。该系统以地图、文本、图表等方式非常直观、生动地显示饮水安全信息,使得决策者很快掌握有关信息,从而做出正确的决策。

3. 软件平台选择

系统软件选择美国 ESRI 公司的 ArcGIS 系列产品,包括 ArcInfo、ArcSDE 和 ArcIMS。ArcGIS 是一个数据库引擎,支持 Oracal、DB2 和 access 等大型数据库,可以使之统一管理空间数据和属性数据,支持远程数据访问。ArcInfo 的开发环境——ArcObjects(AO)

是 ESRI 公司提供的一套基于 COM 技术的组件库，ArcInfo 的应用程序 ArcMap、ArcCatalog 和 ArcScene 就是 AO 构建而成，以此为开发平台，可以实现图形显示、查询统计和水质污染报警等功能，同时以 Windows XP 作为操作系统，选用 Microsoft Visual Studio. NET 2003 编程工具实现二次开发。利用 ADO. NET 建立基于 Microsoft. NET 框架的数据访问应用程序编程接口，使分布式应用程序和服务能够简单而可靠地进行数据动态交换，运算数据、计算结果和模式预测图可回传，利用图形更直观地显示评价结果。

4. 总体设计结构

饮水安全评价与预测涉及饮水单元的空间归属、饮水单元的属性特征，还涉及基于专业知识的对数据的处理方法。因此，饮水安全评价与预测系统应至少包括四个子系统：数据输入编辑与数据库子系统、模型库子系统、方法库子系统和制图与输出子系统，采用人机对话的界面方式实现系统与外界的信息交流与通讯。系统的总体设计框架见图 8-11。

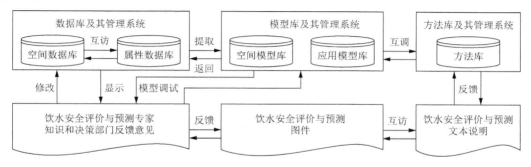

图 8-11 饮水安全评价与预测系统总体设计框架图

空间数据库与属性数据库的双向查询是地理信息系统最基本的特征。在饮水安全评价与预测系统中，把空间数据与属性数据相互关联，高度集成，实现图文并茂的信息可视化，进行信息查询、数据统计与空间地理分析。

模型库除了 Arc/info 软件本身提供的空间分析模型外，还加入了随机理论模型、灰色理论模型、模糊理论模型、综合指数评价模型、环境预测模型和环境决策模型等。模型库管理系统主要包括生成、修改、更新、维护和操纵模型等功能，并和模型库共同集成于综合环境中，以提供友好的用户界面。

方法库作为对建模活动的基本支持，存储一些通用的、规范的算法模块，常以函数（子程序）功能形式存贮和表示，可方便用户进行模型组合、更新和提取等操作。方法库主要包括：统计分析方法（一元、多元和逐步回归方法）、综合评价方法（模糊模式评价方法、综合评判方法等）和预测方法（灰色预测、增长率预测和时间回归预测等）。这些方法库可以利用 Microsoft 提供的 LIB.EXE 库管理实用程序进行管理。

制图与输出子系统自动从空间数据库中搜索出满足参与评价要求的水文地质特征点图元供用户选择评价，用户按"先选后做"的原则很容易实现模型的评价操作。评价对象的选择有两种方式：按行政区划选择和按饮水工程选择。选择好评价对象后，进行评价指标及方法的选择。评价指标及方法的选择通过"评价模型"按钮来实现。指标选择对象为 GB 5749—85 提供的指标体系，包括约 35 种指标，通过打"√"来选择各种指标。在确定评价对象和评价方法及指标后，便可开始评价。单击"开始评价"按钮，系统进行评价，从而实现评价结果的可视化管理及进一步的利用。

8.3.3　系统功能实现

根据系统开发的实际，结合数据分析与用户需求分析，饮水安全评价与预测系统实现下述各功能：①显示各省、市、县、乡、村界、地形、植被、江河水库湖泊、各饮水工程定点监测站、集中式供水工程和分散式供水工程等空间信息；②实现各饮水工程定点监测站点位、水质状况等的查询和数据分析；③实现各饮水工程定点监测站周围主要的排污单位、主要污染物的信息查询与分析；④根据用户输入的数据和参数进行饮水安全水质预测、动态模拟污染源的扩散及浓度分布等，并在 ArcInfo 9.0 中显示水质模拟结果；⑤污染源空间分析功能，包括缓冲区分析和空间叠合分析。

8.3.4　应用实例

本小节以饮水安全评价与预测系统为工具，进行河南省镇平县饮水安全评价和预测试验，取得了较满意的结果。现以综合指数评价模型为例，具体步骤如下。

对研究区饮水水质进行现状调查，并收集相关的饮水水质监测数据。镇平县定点水质监测点共有 29 个，采用外挂属性表的方式存储不同点的多期监测数据。外挂水质监测属性数据表计有 26 个字段，包括国家饮水标准的主要指标项。其饮水安全评价 GIS 用户界面如图 8-12 所示。

图 8-12　饮水安全评价 GIS 用户界面

根据研究区的实际情况，在国家规定的35个水质标准中选取相应的评价预测因子。该次评价选择的因子为：色度、浑浊度、pH值、总硬度、铁、溶解性总固体、氟化物和砷等。评价标准参照国家《生活饮用水卫生标准》（GB 5749—2006）和《全国农村饮水安全工程"十一五"规划》。

综合污染指数法是以多项评价指标为评价目的，在求出各单项指数的基础上，求其

综合污染指数值。其计算公式为

$$PI = \frac{1}{n} \sum_{i=1}^{n} C_i / S_i \qquad (8-1)$$

式中，PI 为全部评价指标的综合污染指数平均值；n 为评价因子总数；C_i 为评价指标 i 的浓度实测值；S_i 为相应评价指标 i 的饮水水质标准浓度值。根据上述公式，饮水安全综合污染指数能判定各监测点的饮水污染等级。当 PI < 1 时，饮水污染等级为清洁级；当 1 ≤ PI < 2 时，为轻污染级；当 2 < PI ≤ 3 时，为中度污染级；当 PI > 3 时，为重度污染级。

　　经过综合指数评价得出的结果为饮水安全水质级别，将结果返回该系统中，利用 Access 开发的计算结果库，以图形的方式显示出来，从而实现饮水安全评价目标。评价结果表明，镇平县总体上饮水污染程度较低，只有枣园镇上岗村供水站为饮水安全中度污染区，有 11 个村的供水站为饮水轻污染区，其他 17 个村的供水站为无污染区。饮水物理指标、化学成分及毒理学指标一般均能满足要求，但饮水总硬度、硫酸盐、硝酸盐、细菌总数等指标偏高，需要进行杀菌等处理，其评价结果如图 8-13 所示。

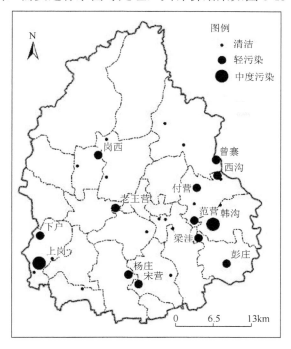

图 8-13　镇平县饮水安全评价结果

　　预测结果分析。首先，选择要进行预测分析的供水站，如枣园镇上岗村供水站。其次，确定该供水站要预测的时间区间，系统将自动调用 Access 数据库该时间段的水质监测属性数据，计算出每年的综合污染指数平均值 PI。最后，根据 PI 值，利用.NET 的 Graphics 控件绘制该供水站的多年水质变化曲线，从而预测未来几年的水质变化趋势。

　　如果要分析水质的变化原因，可调用影响水质变化的因素图（如多污染源图），进行空间叠加，分析该供水站一定范围内的因素变化情况。上岗村供水站从 1990～2000 年水质基本没有什么变化；2001～2004 年水质突然恶化，这主要是因为在该供水站上水位约 800m 处建一大理石厂，每天排放大量的废液，并流入供水站附近的渗水坑，污染了地下水；2005 年政府强迫其搬迁，地下水的水质逐步好转。

综上所述，在回顾国内外饮水安全监测、评价和预测等问题的基础上，对饮水安全评价与预测系统进行了需求分析。完成了基于 GIS 的饮水安全评价与预测系统的总体设计和相关模块的分解，并应用地理信息系统软件 ArcInfo 9.0 和面向对象的编程语言 Microsoft Visual Studio .NET 2003 作为开发工具，完成了系统的开发。基于 GIS 技术的饮水安全评价与预测系统将通过图文双向查询、空间分析、水质评价与模拟等一系列功能，为饮水安全和工程规划提供重要的空间信息管理和辅助决策支持。另外，该系统还具有一系列接口，可根据需要进一步扩充，不断完善其功能，以满足城乡发展的要求。作为一个饮水安全评价与预测系统，其开发工作是一项复杂的系统工程，需要各方面的配合、支持和协作，同时作为一个应用系统，它更有待于在实践中进一步完善。

参 考 文 献

白云飞, 王小兵, 刘彪, 2013. 基于 GIS 饮用水源环境信息系统开发研究[J]. 信息系统工程, (6): 136-137.

蔡子昭, 许广明, 张礼中, 等, 2011. 基于数据库和 GIS 的水质模糊综合评价模型[J]. 南水北调与水利科技, 9(6): 69-72.

蔡子昭, 张礼中, 王乾, 等, 2013. 地下水污染调查信息系统设计与实现[J]. 人民黄河, 35(9): 79-81.

常魁, 高金良, 袁一星, 2010. 城市给水管网交互式虚拟仿真平台研究[J]. 哈尔滨工业大学学报, 42(10): 1596-1641.

陈诚, 张敬谊, 童庆, 等, 2013. 基于 GIS 的桌面应急演练系统[J]. 计算机应用与软件, 30(2): 242-244.

陈家模, 苗丽, 赫晓慧, 2013. 基于 GIS 的水环境信息管理系统的研究[J]. 河南科学, 31(1): 84-86.

陈凌, 2006. 给水管网 GIS 和水力模型无缝连接的方法研究[J]. 工业用水与废水, 37(5):60-64.

陈述彭, 1999. "数字地球"战略及其制高点[J]. 遥感学报, 4(3): 249-253.

陈文丰, 纪瀚宇, 2009. 供水管网地理信息系统的建立与应用[J]. 供水技术, 3(6): 54-58.

崔宝侠, 刘继成, 孙茂相, 等, 2002. 辽宁省地表水监测地理信息系统的开发与设计[J]. 环境科学与技术, 25(5): 20-21, 30.

戴慎志, 陈践, 1999. 城市给水排水工程规划[M]. 合肥: 安徽科学技术出版社.

邓沐平, 2011. 我国农村饮水安全存在的问题及其对策[J]. 安徽农业科学, 39(12): 7496-7498.

丁贤荣, 徐健, 姚琪, 2003. GIS 与数模集成的水污染突发事故时空模拟[J]. 河海大学学报, 31(2): 203-206.

丁震, 陈晓东, 郑浩, 等, 2013. 江苏省农村饮用水卫生监测现状[J]. 江苏预防医学, 24(1): 55-58.

董亮, 2001. GIS 支持下西湖流域水环境非点源污染研究[D]. 杭州: 浙江大学.

董研, 翟慎永, 张殿平, 等, 2014. 淄博市地方性氟中毒的 GIS 分析[J]. 青岛大学医学院学报, 50(3): 259-261.

段小丽, 王宗爽, 王贝贝, 等, 2010. 我国北方某地区居民饮水暴露参数研究[J]. 环境科学研究, 23(9): 1216-1220.

符刚, 曾强, 赵亮, 等, 2015. 地理信息系统在饮用水安全保障中的应用研究进展[J]. 环境与健康杂志, 32(5): 454-458.

高健伟, 韦炳干, 薛源, 等, 2013. 地方性砷中毒地区环境砷暴露健康风险研究进展[J]. 生态毒理学报, 8(2): 138-147.

宫辉力, 吕力, 1996. 地理信息系统在地下水领域应用的一些新进展[J]. 工程勘察, (6): 28-36.

顾蓓瑜, 庄严, 邹华, 等, 2013. ArcGIS 软件在太湖水质及富营养化分析中的应用[J]. 环境与健康杂志, 30(9): 802-804.

郭诚, 2013. 云环境下的水质安全服务平台关键技术研究[D]. 杭州: 浙江大学.

韩超, 2013. 基于 GIS 供水管网的科学管理及应用[J]. 电子世界, (8): 208-209.

何强, 2001. 基于地理信息系统（GIS）的水污染控制规划研究[D]. 重庆: 重庆大学.

何伟, 陈凯, 程志勇, 等, 2002. GIS 在深圳市供水水源网络管理信息系统中的应用[J]. 中国农村水利水电, (12): 43-45.

洪运富, 杨海军, 李营, 等, 2015. 水源地污染源无人机遥感监测[J]. 中国环境监测, (5): 163-166.

侯景伟, 李斌, 2011. GIS 在饮水安全应急响应中的应用[J]. 中国农村水利水电, (2): 94-97, 108.

侯景伟, 李小建, 2008a. 基于 GIS 的饮水安全评价与预测系统研究[J]. 地域研究与开发, 27(5): 120-123.

侯景伟, 孔云峰, 刘洁心, 2013. GIS 在饮水安全管理与规划中的应用与展望[J]. 地理空间信息, 11(3): 40-42.

侯景伟, 孔云峰, 2008b. 基于 GIS 的镇平县农村饮水安全现状空间分析[J]. 中国水利, 597(3): 54-56.

侯景伟, 2008. 基于 GIS 的农村饮水工程规划研究—以河南省镇平县为例[D]. 开封: 河南大学.

胡成, 苏丹, 2011. 综合水质标识指数法在浑河水质评价中的应用[J]. 生态环境学报, 20(2): 186-192.

胡新玲, 张法飞, 2007. 基于 GIS 的供水管网爆管分析的算法[J]. 给水排水, 28(2): 95-101.

胡学斌, 颜文涛, 何强, 2010. 基于 GIS 的城市污水管网监测维护决策支持系统设计[J]. 重庆大学学报, 33(7): 108-122.

黄文彬, 陈晓东, 颜成贵, 2008. 基于 GIS 技术的"浙江省农村饮水安全信息查询系统"的构建[J]. 浙江水利水电专科学校学报, 20(3): 66-72.

贾海峰, 程声通, 杜文涛, 2001. GIS 与地表水水质模型 WASP5 的集成[J]. 清华大学学报(自然科学版), 41(8): 125-128.

江崇礼, 刘春雨, 董明, 2001. GIS 供水管理信息系统[J]. 大连理工大学学报, 41(6): 749-751.

江毓武, 洪华生, 张珞平, 1999. 地理信息系统(GIS)在厦门海域水质模型中的应用[J]. 厦门大学学报(自然科学版), 38(1): 90-95.

姜鑫, 安裕伦, 杨柏林, 等, 2005. 基于 GIS 和 RS 的水源地生态环境现状分析——以贵阳市红枫百花流域为例[J]. 贵州师范大学学报(自然科学版), (4):50-53.

姜哲, 傅春, 2006. GIS 技术在长春市地下水水质评价中的应用[J]. 地下水, 28(6): 45-48.

蒋海琴, 陈锁忠, 王桥, 等, 2002. WebGIS 与一维水质模型的集成研究[J]. 环境污染与防治, 24(5): 305-308.

蒋树芳, 康跃虎, 常志来, 2013. 人畜饮水管网安全供水 WSNGIS 系统实现[J]. 计算机工程与设计, 34 (1): 338-343.

荆平, 贾海峰, 2007. 基于 ArcGIS Engine 的给水管网信息系统的设计开发[J]. 中国农村水利水电, (11): 8-14.

荆平, 2006. 基于 GIS 的湖泊区域地表水环境影响评价方法[J]. 化工环保, 26(2): 140-144.

雷晓霞, 莫创荣, 肖泽云, 2011. GIS 与水质模型集成的邕江突发性水污染事故模拟[J]. 重庆理工大学学报: 自然科学版, 25(9): 53-57.

李海荣, 彭凯, 2015. 基于 GIS 的城市给水管网的二三维一体化系统[J]. 北京测绘, (6): 103-106.

李赫, 2012. 基于 Google Earth 卫星图矢量化实现地理信息系统的数据采集[J]. 软件导报, 12(9): 168-169.

李恒利, 李富, 李香莉, 2013. 浅谈 GIS 在供水管网信息化管理中的应用与发展[J]. 北京测绘, (3): 40-46.

李黎武, 施周, 许仕荣, 2006. GIS 环境下枝状供水管网水力计算的递归算法[J]. 中国农村水利水电, (12):45-49.

李守波, 2007. 黑河下游地下水波动带地下水时空动态 GIS 辅助模拟研究[D]. 兰州: 兰州大学.

李涛, 2004. 基于 Mapinfo 的大沽河脆弱性评价[D]. 青岛: 中国海洋大学.

李铁男, 2010. 黑龙江省农村饮水安全现状分析[J]. 中国农村水利水电, (2): 51-52, 59.

李仰斌, 张国华, 谢崇宝, 2007. 我国农村饮用水源现状及相关保护对策建议[J]. 中国农村水利水电, (11): 1-7.

李玉华, 孙希兵, 2005. 基于 GIS 的城市供水管网管理系统开发[J]. 哈尔滨工业大学学报, 37(4): 476-480.

林桂兰, 庄翠蓉, 孙飒梅, 2002. 水源保护区划界的遥感与 GIS 技术研究[J]. 遥感技术与应用, 17(2): 99-103.

林佳平, 刘俊萍, 2013. 基于 GIS 的农村人饮供水管网信息系统设计[J]. 人民黄河, 35(4): 58-60.

刘明春, 王进, 邹东, 2016. 基于 GIS & GPS 技术的供水管网巡检养护系统的实现[J]. 地理空间信息, 14(1): 104-106.

刘明柱, 陈鸿汉, 叶念军, 2002. GIS 在区域地下水资源评价中的应用[J]. 水利学报, 33(1): 52-56.

刘南, 刘守议, 2002. 地理信息系统[M]. 北京: 高等教育出版社.

刘秀云, 2000. 辽宁省地表水污染调查与 GIS[J]. 环境保护与循环经济, 6(20): 5-6.

刘烜, 邓光林, 熊忠招, 2016. 移动 GIS 支持下的城市供水管网信息采集与管理[J]. 地理空间信息, 14(2): 85-87.

刘银凤, 程永清, 张雪娇, 等, 2006. 基于 GIS 的渭河流域水污染控制支持决策系统[J]. 环境科学与技术, 29(1) : 59-68.

刘英, 包安明, 陈曦, 2006. 塔里木河下游地区地下水空间分布动态模拟[J]. 资源科学, 28(5): 95-101.

罗兰, 2008. 我国地下水污染现状与防治对策研究[J]. 中国地质大学学报(社会科学版), 8(2): 72-75.

罗水莲, 2010. 大骨节病区饮水安全评价体系的建立与 GIS 的应用[J]. 四川地质学报, 30(1): 93-98.

吕琼帅, 熊蜀峰, 2013. 基于 GIS 和遗传算法的饮水管网优化[J]. 计算机与现代化, (12): 23-26.

吕书君, 2009. 我国地下水污染分析[J]. 地下水, 31(1): 1-5.

绿网环保, 2017. 研究报告: 2016 年全国饮用水水源地水质大起底[DB/OL]. [2017-02-24]. http://www.h2o-china.com/news/view?id=254308&page=1.

马兴旺, 李保国, 吴春荣, 等, 2002. 绿洲区土地利用对地下水影响的数值模拟分析——以民勤绿洲为例[J]. 资源科学, 24(2): 49-55.

每日经济新闻, 2016. 水利部: 全国地下水 80% 被污染不能饮用[DB/OL]. [2016-04-11]. http://news.mydrivers.com/1/477/477570.htm.

孟潇, 2010. 基于 SuperMap 供水管网爆管事故分析研究[D]. 西安: 西安理工大学.

苗作华, 刘耀林, 王先华, 2007. 基于 GIS 的工业园区安全监管与应急救援信息系统[J]. 测绘通报, (8): 55-58.

聂晓霞, 2008. Flex 从入门到精通[M]. 北京: 清华大学出版社.

彭文启, 张祥伟, 2005. 现代水环境质量评价理论与方法[M]. 北京: 化学工业出版社.

钱胜, 2009. 基于地理信息系统（GIS）扬州地表水质量研究[D]. 扬州: 扬州大学.

秦昆, 2010. GIS 空间分析理论与方法[M]. 武汉: 武汉大学出版社.

任金法, 2009. 饮用水水源污染对人体健康的威胁及安全饮水的对策[J]. 中国卫生检验杂志, 19(4): 942-947.

陕北化工能源项目组, 2009. 陕北能源化工水资源勘查基地地下水资源勘查: 水源地勘查评价[DB/OL]. [2009-12-22]. http://www.xian.cgs.gov.cn/zt/ sgh/dxszykc/yjcg/201608/t20160813_360885.html.

邵志雄, 2007. 农村饮水安全工程建设期管理问题探讨[J]. 中国农村水利水电, (10): 43-45.

施银焕, 胡艳伟, 张佩, 2007. 基于 GIS 系统的供水管网水力模型拓扑结构更新方法研究[J]. 供水技术, 11(1): 58-60.

史义雄, 2006. GIS 环境下城市供水管网事故关阀分析的研究与实现[J]. 城市给排水, 20(3): 16-18.

史义雄, 2005. 城市供水管网地理信息系统（GIS）模型设计与研究[D]. 武汉: 武汉理工大学.

孙丰垒, 王欢, 李连昌, 2012. 基于 RIA 的 WebGIS 系统设计与实现[J]. 测绘, 35(6): 255-259.

孙钰, 胡小夏, 赵懂, 等, 2014. 基于 WebGIS 的饮用水水源地水质监测与评价系统设计[J]. 北京测绘, (1): 52-55, 65.

陶陶, 间国年, 张书亮, 2005. GIS 技术支持下的给水管网模型与网络分析[J]. 给水排水, 31(2): 104-107.

陶庄, 2010. 淮河流域"癌症村"归因于水的疾病负担研究—对归因于环境污染物的疾病负担方法的探讨[D]. 北京: 中国疾病预防控制中心.

田帅, 刘国东, 倪福全, 2012. BP 与 GIS 耦合的地下水水质综合分析评价[J]. 水电能源科学, 30(2): 38-40, 119.

田一梅, 赵新华, 黎荣, 2000. GIS 技术在供水系统中的应用与发展[J]. 中国给水排水, 16(9): 21-23.

万幼川, 谢鸿宇, 吴振斌, 等, 2006. GIS 与人工神经网络在水质评价中的应用[J]. 武汉大学学报(工学版), 26(3): 7-12.

汪先锋, 2010. GIS 技术在水源地保护区信息获取与管理中的应用[J]. 信息技术与信息化, (4): 84-85.

汪新波, 2013. 基于 GIS 的民勤绿洲地下水水质动态演变特征与水质综合评价[D]. 杨凌: 西北农林科技大学.

王昌云, 2013. 基于 GIS 的区域农村饮用水安全监测与预警系统的研究与设计[J]. 农村经济与科技, (12): 95-97.

王浩, 沈宏, 2005. GIS 技术在淮河流域片水资源综合规划中的应用研究[J]. 水文, 25(1): 42-45.

王慧娟, 张金星, 徐克生, 等, 2008. 浅析数字消防应急预案[J]. 林业劳动安全, 21(3): 26-33.

王俭, 胡成, 孙铁琦, 等, 2007. GIS 支持下的辽宁省地表水环境功能区划[J]. 生态学杂志, 26(10): 1611-1615.

王建辉, 2006. 基于 GIS 的小城镇压力管网规划设计系统模型研究[D]. 重庆: 重庆大学.

王建雄, 2006. GIS 在水污染控制规划方案研究中的应用[J]. 地矿测绘, 22(3): 36-37.

王京, 张双喜, 2010. 基于 GIS 系统的铁岭市水源地环境保护研究[J]. 安徽农学通报(上半月刊), 16(13): 238-239.

王立业, 2014. 农村饮水安全工程供水水量漏失问题分析及对策[J]. 中国水能及电气化, 117(12): 39-42.

王乾, 张礼中, 张永波, 等, 2008. 基于 GIS 的地下水污染防治规划信息系统的设计与实现[J]. 南水北调与水利科技, 6(6): 31-33.

王强, 赵月朝, 屈卫东, 等, 2010. 1996-2006 年我国饮用水污染突发公共卫生事件分析[J]. 环境与健康杂志, 27(4): 328-331.

王若师, 许秋瑾, 张娴, 等, 2012. 东江流域典型乡镇饮用水源地重金属污染健康风险评价[J]. 环境科学, 33(9): 3083-3088.

王少平, 程声通, 贾海峰, 等, 2004. GIS 和情景分析辅助的流域水污染控制规划[J]. 环境科学, 25(4): 32-37.

王仕琴, 邵景力, 宋献方, 等, 2007. 地下水模型 MODFLOW 和 GIS 在华北平原地下水资源评价中的应用[J]. 地理研究, 26(5): 975-983.

王拓, 2010. 基于 ArcGIS 的综合管网信息系统集成研究[D]. 北京: 中国地质大学(北京).

王越兴, 尹魁浩, 彭盛华, 等, 2013. 基于 GIS 的水源地环境敏感带区划方法研究——以深圳水库为例[J]. 环境污染与防治, 35(11): 107-111.

韦金喜, 2013. 基于 GIS 的村镇饮用水水源地水质时空变化及影响因子分析[D]. 扬州: 扬州大学.

魏加华, 王光谦, 李慈君, 等, 2003. GIS 在地下水研究中的应用进展[J]. 水文地质工程地质, 30(2): 94-98.

吴静, 郝晓伟, 杨才杰, 2013. 农村饮用水在线监测与预警系统的开发与应用[J]. 浙江水利科技, 187(3): 1-3.

吴科可, 2014. 基于 GIS 的杭州水务管网综合管理系统的设计与实现[D]. 杭州: 浙江大学.

吴库生, 霍霞, 2008. 基于 GIS 的中国食管癌地理气候危险因素研究[J]. 华南预防医学, 34(1): 1-5, 9.

吴泉源, 侯伟, 安国强, 2001. RS, GIS 支持下的龙口市地下水开发利用规划[J]. 国土资源遥感, 49 (3): 41-46.

武强, 邹德禹, 董东林, 等, 1999. 塔里木盆地水资源开发管理地理信息系统(GIS)[J]. 中国矿业大学学报, 28(1): 78-81.

武先锋, 陶勇, 2005. GIS 在饮水与健康领域中的应用及开发[J]. 国外医学卫生学分册, 32(5): 285-289.

向速林, 吴彩斌, 鄢贵权, 2007. 基于 GIS 的地下水水质评价与预测系统研究[J]. 水文地质工程地质, (1): 123-125.

肖靖峰, 王晓东, 姚宇, 2012. 基于 ArcGIS 平台的厂区地下管网空间分析[J]. 计算机应用, 32(9): 2675-2678.

肖泽云, 莫创荣, 需晓霞, 2011. 基于 GIS 平台的水污染预警系统研究与应用[J]. 水电能源科学, 29(5): 139-141.

谢洪波, 钱壮志, 尹国勋, 2008. 基于 GIS 的焦作市地下水污染预警系统[J]. 地球科学与环境学报, 30(1): 94-96, 106.

谢平, 2009. 微囊藻毒素对人类健康影响相关研究的回顾[J]. 湖泊科学, 21(5): 603-613.

邢毅, 张超, 翁文斌, 等, 1998. 地理信息系统城市地下水管理模型研究[J]. 清华大学学报(自然科学版), 38(1): 59-62.

徐满清, 金腊华, 2007. GIS 在突发性水污染事件应急管理中的应用[J]. 江西化工, (2): 88-91.

许传音, 2009. 基于 GIS 的鸡西市地下水脆弱性评价[D]. 长春: 吉林大学.

许士敏, 黄荣星, 2006. 基于嵌入式 GIS 的地下管线野外数据采集系统[J]. 全球定位系统, (1): 19-22.

许伟, 钱谊, 戴科伟, 等, 2007. 傀儡湖水源污染事故应急预案的构建[J]. 水资源保护, 23(5): 91-94.

颜营营, 2013. 我国农村饮水安全问题研究——以山东省肥城市为例[D]. 济南: 山东大学.

杨春蕾, 2016. 基于 ArcGIS 的村镇饮用水源地水质时空变化分析[J]. 水利科技与经济, 22(10): 27-30.

杨茜, 2016. 饮水中地塞米松污染对小鼠肠道菌群的影响[J]. 南方医科大学学报, 36(2): 238-243.

杨姗姗, 2005. 供水管网地理信息系统中爆管分析的设计与实现[D]. 武汉: 武汉大学.

杨旭, 黄家柱, 陶建岳, 2005. 基于 GIS 的地下水流可视化模拟系统研究[J]. 现代测绘, 28(2): 12-16.

杨彦, 于云江, 王宗庆, 等, 2013. 区域地下水污染风险评价方法研究[J]. 环境科学, 34(2): 653-661.

杨元青, 2008. 泰安市农村饮用水水源地的水质评价及改善对策[D]. 泰安: 山东农业大学.

叶超, 李宇, 田茂勇, 2005. 基于 GIS 的地下水水源地补给潜力探讨[J]. 水文地质工程地质, (1): 67-69.

于志斌, 2015. 城市供水管网地理信息系统的设计与实现[D]. 哈尔滨: 哈尔滨理工大学.

翟俊, 何强, 肖海文, 等, 2007. 基于 GIS 的模糊综合水质评价模型[J]. 重庆大学学报(自然科学版), 30(8): 49-53.

张保祥, 2006. 黄水河流域地下水脆弱性评价与水源保护区划分研究[D]. 北京: 中国地质大学.

张成才, 李红伟, 吴瑞锋, 等, 2009. 基于 GIS 的水质模糊综合评价方法研究[J]. 人民黄河, 31(5): 52-53.

张殿平, 翟慎永, 薛付忠, 等, 2013. 基于 GIS 的淄博市饮用水卫生安全信息管理与应用[J]. 现代预防医学, 40(22): 4134-4138.

张岚, 2011. 城市饮水安全面临的主要问题及对策研究[J]. 环境卫生学杂志, 1(1): 48-50.

张敏, 杨春, 2010. Google Earth 和 GIS 在饮用水水源地保护区划分中的应用[J]. 中国农村水利水电, (3): 6-7.

张庆乐, 2008. 饮水中硝态氮污染对人体健康的影响[J]. 地下水, 30(1): 58-64.

张荣, 李洪兴, 武先锋, 等, 2009. 我国农村饮用水水质现状[J]. 环境与健康杂志, 26(1): 3-5.

张瑞钢, 2008. 基于 GIS 的潘一矿地下水环境特征分析及突水水源判别模型[D]. 合肥: 合肥工业大学.

张卫, 易连兴, 覃小群, 2000. 基于 GIS 的区域地下水资源管理及辅助决策系统研究[J]. 华东地质学院学报, 23(1): 11-18.

张新钰, 辛宝东, 刘文臣, 等, 2011. 三种地下水水质评价方法的对比分析[J]. 水资源与水工程学报, 22(3): 113-118.

赵显波, 郎景波, 李美娟, 2011. 双鸭山市农村饮用水水质安全评价[J]. 南水北调与水利科技, 9(3): 106-113.

赵新华, 李琼, 2002. 城市排水管网信息 GIS 管理系统设计[J]. 中国给水排水, 18(9): 55-57.

赵旭, 2009. 基于 FEFLOW 和 GIS 技术的咸阳市地下水数值模拟研究[D]. 杨凌: 西北农林科技大学.

郑苏娟, 徐筱麟, 丁莲珍, 2001. 基于图论的城市供水管网抢修决策信息系统[J]. 河海大学学报(自然科学版), 29(5): 92-94.

中国水网, 2004. 饮用水污染: 生命不能承受之"亲"[DB/OL]. [2004-05-02]. http://www.h2o-china.com/news/27236.html.

周德亮, 丁继红, 2002. 基于 GIS 的地下水模拟可视化系统开发的初步探讨[J]. 吉林大学学报(地球科学版), 32(2): 158-161, 165.

周怀东, 彭文启, 杜霞, 等, 2004. 中国地表水水质评价[J]. 中国水利水电科学研究院学报, 2(4): 21-30.

周荣敏, 林性粹, 2001. 应用单亲遗传算法进行树状管网优化布置[J]. 水利学报, (6): 14-21.

周晓虹, 2008. 基于 GIS 的杭锦后旗浅层地下水化学分析与水质评价[D]. 北京: 首都师范大学.

周兴全, 徐焕斌, 田越, 2016. GIS 在德阳市地表水资源评价中的应用[J]. 四川水利, (1): 46-49.

周中海, 2015. 基于 GIS 的楚雄地区红层地下水水化学特征及空间规律研究[D]. 成都: 成都理工大学.

朱晓红, 朱自伟, 刘春茂, 2004. 城市给水管网管理信息系统的设计[J]. 重庆建筑大学学报, 26(2): 126-128.

朱兴贤, 王彩会, 陆徐荣, 2006. 基于 GIS 的苏锡常地区浅层地下水系统防污染性能评价[J]. 江苏地质, 30(1): 41-45.

祝玉华, 邓勇, 2008. 城市地下管线信息系统的设计与实现[J]. 计算机与现代化, (10): 123-125.

庄严, 李秋宇, 盛翼, 等, 2014. 3S 技术在太湖蓝藻空间分布研究中的应用[J]. 环境与健康杂志, 31(5): 429-431.

邹君, 郑文武, 杨玉蓉, 2014. 基于 GIS/RS 的南方丘陵区农村水资源系统脆弱性评价——以衡阳盆地为例[J]. 地理科学, 34(8): 1010-1017.

左冠涛, 王艳涛, 王康康, 2013. 郑州市水环境地理信息系统[J]. 河南科技, (10): 190.

ALBERTI L, AMICIS D E M, MASETTI M, et al., 2001. Bayes' rule and GIS for evaluating sensitivity of groundwater to contamination[C]. IAMG Annual Conference.

ALEXANDRA G, CHRISTOS P, 2006. Assessment of groundwater vulnerability to pollution: a combination of GIS, fuzzy logic and decision making techniques[J]. Environmental Geology, 49(5):653-673.

BOULOS M N, BLANCHARD B J, WALKER C, et al., 2011. Web GIS in practice X: a microsoft Kinect natural user interface for

Google Earth navigation[J]. International Journal of Health Geographics, (10): 45-59.

CHEN S, WANG D, LI G Y, et al., 2012. Application of carrying capacity assessment in spatial allocation of regional population: a case of Changzhou City of East China[J]. Chinese Journal of Applied Ecology, 23:483-490.

DAENE C, MCKINNEY, 1993. Expert geographic information system for Texas water planning[J]. Journal of Water Resource Planning And Management, 119(2): 187-192.

DANIELA D, 1999. GIS techniques for mapping groundwater contamination risk[J]. Natural Hazard, 20(2): 279-294.

EL-KADI A I, OLOUFA A A, ELTAHAN A A, et al., 1994. Use of a geographic information system in site specific groundwater modeling[J]. Groundwater, 32(4):617-625.

GALWAY L, BELL N, SAE A S, et al., 2012. A two-stage cluster sampling method using gridded population data, a GIS, and Google Earth imagery in a population-based mortality survey in Iraq[J]. International Journal of Health Geographics, 11(1):12.

HOLTBY C E, GUCRNSCY J R, ALLCN A C, et al., 2014. A population-based case-control study of drinking-water nitrate and congenital anomalies using geographic information systems (GIS) to develop individual-level exposure estimates[J]. International Journal of Environmental Research and Public Health, (11):1803-1823.

JACOB M T, KELLY B, SETH D G, 2009. Risk classification and uncertainty propagation for virtual water distribution systems[J]. Reliability Engineering & System Safety, 94(8): 1259-1273.

JAYASEKARA J M, DISSANAYAKC D M, ADHIKARI S B, et al., 2013. Geographical distribution of chronic kidney disease of unknown origin in North Central Region of Sri Lanka[J]. Ceylon Medical Journal, 58:6-10.

JOSHUA V, ELANGOVAN A, SELVARAJ V, et al., 2012. Public health & GIS: views & opinions of Indian uses[J]. Indian Journal of Medical Research, 136(2):299-300.

KENNETH, K E, 1996. Conceptualization and characterization of groundwater systems using geographic information systems[J]. Engineering Geology, 42(2-3):111-118.

KISTEMANN T, DANGENDORF F, SCHWEIKART J, 2002. New perspectives on the use of geographical information systems (GIS) in environmental health sciences[J]. International Journal of Hygiene and Environmental Health, 205(3): 169-181.

LARS J, 2004. Health and environment information systems for exposure and disease mapping, and risk assessment[J]. Environ Health Perspect, 112(9): 995-997.

LASSERRE F, RAZACK M, BANTON O A, 1999. GIS-linked model for the assessment of nitrate contamination in groundwater[J]. Journal of Hydrology, 224(3):81-90.

LEE B H, DEININGER R A, 1992. Optimal locations of monitoring stations in water distribution system[J]. Environmental Engineering, 118(1):4-16.

LI Y P, FANG L Q, GAO S Q, et al., 2013. Decision support system for the response to infectious disease emergencies based on WebGIS and mobile services in China[J]. Plos One, 8(1): 1-12.

MARTIN P H, LEBOEUF E J, DANIEL E B, et al., 2004. Development of a GIS-based spill management information system[J]. Journal of Hazardous Materials, 112(3): 239-252.

MILLER C, 2005. The Use of a GIS to compare the land areas captured by very basic and complex wellhead protection area models[J]. Journal of Environmental Health, 68(4): 21-26.

NAVONI J A, PICTRI D D E, OLMOS V, et al., 2014. Human health risk assessment with spatial analysis: study of a population chronically exposed to arsenic through drinking water from Argentina[J]. Science of The Total Environment, 499: 166-174.

NJEMANZE P C, 1999. Application of risk analysis and geographic information system technologies to the prevention of diarrhea diseases in Nigeria[J]. American Journal of Tropical Medicine and Hygiene, 61(3):356-360.

NYKIFORUK C I, FLAMAN L M, 2011. Geographic information systems (GIS) for health promotion and public health: a review[J]. Health Promotion Practices, 12(1): 63-73.

RUPERT M G, 2001. Calibration of the DRASTIC ground water vulnerability mapping method[J]. Ground Water, 39(4):625-630.

SHAMSI U M, 2002. GIS Wools for Water, Wastewater and Stormwater Systems[M]. Reston: American Society of Civil Engineers.

TIM S U, JAIN D, LIAO H H, 1996. Interactive modeling of groundwater vulnerability within a geographic information system environment[J]. Ground Water, 34(4): 618-627.

TODD G F, CLEAVY L M, JOE C Y, et al., 2000. An aquifer vulnerability assessment of the Paluxy aquifer, central Texas, USA, using GIS and modified DRASTIC approach[J]. Environmental Management, 25(3): 337-345.

UDDAMERI V, HONNUNGAR V, 2007. Combining rough sets and GIS techniques to assess aquifer vulnerability characteristics in the semi-arid South Texas[J]. Environmental Geology, 51(6): 931-939.

VIEIRX V, HOFFMXN K, FLETCHER T, 2013. Assessing the spatial distribution of perfluorooctanoic acid exposure via public drinking water pipes using geographic information systems[J]. Environmental Health & Toxicology, 28(4): 1-5.

WIENAND I, NOLTING U, KISTEMANN T, 2009. Using geographical information systems (GIS) as an instrument of water resource management: a case study from a GIS-based water safety plan in Germany[J]. Water Science & Technology A Journal of the International Association on Water Pollution Research, 60(7): 1691-1699.

YAN B, SU X, CHEN Y, 2009. Functional structure and data management of urban water supply network based on GIS[J]. Water Resources Management, 23(13): 2633-2653.

ZEKTSER L S, BELOUSOVA A P, DUDOV Y U, 1995. Regional assessment and mapping of groundwater vulnerability to contamination[J]. Environmental Geology, 25(4): 225-231.

附录 1 全国重要饮用水水源地名录（2016 年）

1. 密云水库水源地
2. 北京市自来水集团第二水厂水源地
3. 北京市自来水集团第三水厂水源地
4. 北京市自来水集团第八水厂水源地
5. 怀柔水库水源地
6. 北京市拒马河水源地
7. 北京市顺义区第三水源地
8. 白河堡水库水源地
9. 于桥-尔王庄水库水源地
10. 岗南水库水源地
11. 黄壁庄水库水源地
12. 石家庄市滹沱河地下水水源地
13. 潘家口-大黑汀水库水源地
14. 陡河水库水源地
15. 唐山市北郊水厂水源地
16. 桃林口水库水源地（含洋河水库水源）
17. 石河水库水源地
18. 岳城水库水源地
19. 邯郸市羊角铺水源地
20. 邢台市桥西董村水厂水源地
21. 西大洋水库水源地
22. 王快水库水源地
23. 保定市一亩泉水源地
24. 张家口市旧李宅水源地
25. 张家口市样台水源地
26. 张家口市腰站堡水源地
27. 张家口市北水源水源地
28. 承德市二水厂水源地
29. 承德市双滦自来水公司水源地
30. 大浪淀水库水源地
31. 杨埕水库水源地
32. 廊坊市城区水源地
33. 衡水自来水公司水源地
34. 万家寨-汾河水库水源地
35. 太原市兰村水源地
36. 太原市枣沟水源地
37. 太原市三给水源地
38. 阳泉市娘子关泉水源地
39. 长治市辛安泉水源地
40. 晋城市郭壁水源地
41. 朔州市耿庄水源地
42. 松塔水库水源地
43. 运城市蒲州水源地
44. 忻州市豆罗水源地
45. 临汾市龙子祠泉水源地
46. 吕梁市上安水源地
47. 呼和浩特市黄河水源地
48. 呼和浩特市城区地下水饮用水水源地
49. 包头市黄河花匠营子水源地
50. 包头市黄河磴口水源地
51. 乌海市海勃湾区城区水源地
52. 乌海市海勃湾区北水源地
53. 赤峰市地下水水源地
54. 通辽市科尔沁区集中式饮用水水源地
55. 呼伦贝尔市中心城区集中饮用水水源地
56. 临河区第一自来水厂-黄河水厂水源地
57. 乌兰浩特市一、二水源地
58. 锡林郭勒盟一棵树-东苗圃水源地
59. 大伙房水库水源地
60. 桓仁水库水源地
61. 碧流河水库水源地
62. 英那河水库水源地
63. 松树水库水源地
64. 朱隈水库水源地
65. 刘大水库水源地
66. 汤河水库水源地

67. 观音阁水库水源地
68. 铁甲水库水源地
69. 闹德海水库水源地
70. 白石水库水源地
71. 柴河水库水源地
72. 宫山咀水库水源地
73. 葫芦岛市六股河水源地
74. 引松入长水源地
75. 新立城水库水源地
76. 石头口门水库水源地
77. 吉林市松花江水源地
78. 下三台水库水源地
79. 卡伦水库水源地
80. 杨木水库水源地
81. 桃园水库水源地
82. 海龙水库水源地
83. 曲家营水库水源地
84. 哈达山水库水源地
85. 老龙口水库水源地
86. 五道水库水源地
87. 磨盘山水库水源地
88. 齐齐哈尔市嫩江浏园水源地
89. 哈达水库水源地
90. 团山子水库水源地
91. 细鳞河水库水源地
92. 五号水库水源地
93. 寒葱沟水库水源地
94. 大庆水库水源地
95. 红旗水库水源地
96. 东城水库水源地
97. 龙虎泡水库水源地
98. 佳木斯市江北水源地
99. 桃山水库水源地
100. 牡丹江市牡丹江西水源地
101. 黑河市黑龙江小金厂水厂水源地
102. 肇东水库水源地
103. 上海市长江青草沙水源地
104. 上海市黄浦江上游水源地

105. 长江-陈行水源地
106. 南京市长江夹江水源地
107. 南京市长江燕子矶水源地
108. 太湖贡湖水源地（含太湖沙渚和太湖锡东水源）
109. 横山水库水源地
110. 南四湖小沿河水源地
111. 徐州市骆马湖水源地
112. 江阴市长江利港-窑港水源地
113. 常州市长江魏村水源地
114. 太湖湖东水源地（含太湖金墅港、镇湖、渔洋山、浦庄、庙港水源）
115. 张家港市长江水源地
116. 常熟市长江水源地
117. 昆山市傀儡湖水源地
118. 南通市长江狼山水源地
119. 如皋市长江长青沙水源地
120. 连云港市蔷薇湖水源地
121. 淮安市二河水源地
122. 盐城市盐龙湖水源地
123. 扬州市长江瓜洲水源地
124. 镇江市长江征润州水源地
125. 泰州市长江永安洲永正水源地
126. 宿迁市骆马湖水源地
127. 三江营水源地
128. 杭州市钱塘江水源地
129. 杭州市东苕溪水源地
130. 亭下水库水源地
131. 横山水库水源地
132. 白溪水库水源地
133. 周公宅-皎口水库水源地
134. 汤浦水库水源地
135. 珊溪-赵山渡水库水源地
136. 泽雅水库水源地
137. 嘉兴市太浦河嘉善-平湖水源地
138. 老虎潭水库水源地
139. 金兰水库水源地
140. 黄坛口水库水源地

141. 舟山群岛新区饮用水水源地（含虹桥水库、小高亭水库、临城河水源）
142. 长潭水库水源地
143. 黄村水库水源地
144. 董铺水库水源地
145. 大房郢水库水源地
146. 繁昌县长江水源地
147. 芜湖市长江水源地
148. 蚌埠市淮河水源地
149. 淮南市淮河水源地
150. 马鞍山市长江水源地（含采石、慈湖水源）
151. 淮北市供水服务有限公司水源地
152. 铜陵市长江水源地
153. 安庆市长江水源地
154. 黄山市率水水源地
155. 沙河集水库水源地
156. 阜阳市供水服务有限公司水源地
157. 宿州市供水服务有限公司水源地
158. 六安市淠河水源地
159. 亳州市自来水公司第三水厂水源地
160. 池州市长江水源地
161. 宣城市水阳江水源地
162. 福州市闽江北港水源地（含东南区水厂、西区、北区水厂水源）
163. 福州市闽江南港水源地（含城门水厂、义序水厂水源）
164. 东张水库水源地
165. 坂头水库水源地
166. 汀溪水库水源地
167. 漳州市北溪水源地
168. 东圳水库水源地
169. 外渡水库水源地
170. 东牙溪水库水源地
171. 南安市东溪水源地
172. 泉州市龙湖水源地
173. 泉州市北高干渠水源地
174. 泉州市南高干渠水源地

175. 泉州市丰州镇晋江水源地
176. 亚湖水库水源地
177. 黄岗水库水源地
178. 金涵水库水源地
179. 南昌赣江水源地
180. 南昌县赣江水源地
181. 景德镇昌江水源地
182. 共产主义水库水源地
183. 萍乡市袁河水源地
184. 萍乡市湘江水源地
185. 九江市长江水源地（含九江市长江城区、九江市城西水源）
186. 鄱阳县余干县都昌县星子县鄱阳湖水源地
187. 新余市袁河仙女湖水源地
188. 新余市孔目江水源地
189. 鹰潭市信江水源地
190. 赣州市赣江水源地（含章贡区石崆子水库、赣州市一水厂、二水厂、三水厂水源）
191. 吉安市赣江水源地（含吉安市供水公司、青原区赣江水源）
192. 丰城赣江水源地
193. 宜春市袁水水源地
194. 抚州抚河水源地
195. 余干信江水源地
196. 鄱阳县内珠湖水源地
197. 鄱阳县昌江河水源地
198. 上饶县信江水源地
199. 七一水库水源地
200. 余干县信江东大河水源地
201. 玉清湖水库水源地
202. 鹊山水库水源地
203. 狼猫山水库水源地
204. 锦绣川水库水源地
205. 卧虎山水库水源地
206. 清源湖水库水源地
207. 章丘市圣井水厂水源地

208. 济南市东郊水源地（含白泉、李庄、宿家水源）
209. 济南市西郊水源地（含峨嵋、大杨、腊山水源）
210. 济南市济西水源地（含古城、桥子李、冷庄水源）
211. 棘洪滩水库水源地
212. 产芝水库水源地
213. 青岛大沽河水源地
214. 吉利河水库水源地
215. 山洲水库水源地
216. 铁山水库水源地
217. 崂山水库水源地
218. 尹府水库水源地
219. 太河水库水源地
220. 新城水库水源地
221. 大芦湖水库水源地
222. 淄河地下水水源地（含大武、北下册、口头、天津湾、源泉水源）
223. 淄博市东风水源地
224. 滕州市荆泉水源地
225. 滕州市羊庄泉水源地
226. 耿井水库水源地
227. 王屋水库水源地
228. 门楼水库水源地
229. 沐浴水库水源地
230. 王吴水库水源地
231. 三里庄水库水源地
232. 白浪河水库水源地
233. 牟山水库水源地
234. 高崖水库水源地
235. 峡山水库水源地
236. 冶源水库水源地
237. 济宁城北地下水水源地
238. 黄前水库水源地
239. 金斗水库水源地
240. 米山水库水源地
241. 龙角山水库水源地
242. 日照水库水源地
243. 乔店水库水源地
244. 岸堤水库水源地
245. 相家河水库水源地
246. 庆云水库水源地
247. 丁东水库水源地
248. 杨安镇水库水源地
249. 聊城市东聊供水水源地
250. 龙庭水库水源地
251. 思源湖水库水源地
252. 三角洼水库水源地
253. 孙武湖水库水源地
254. 仙鹤湖水库水源地
255. 幸福水库水源地
256. 西海水库水源地
257. 滨州市东郊水库水源地
258. 雷泽湖水库水源地
259. 郑州市东周水厂水源地
260. 郑州市石佛水厂水源地
261. 郑州市黄河水源地
262. 开封市黄河水源地
263. 洛阳市地下水水源地
264. 白龟山水库水源地
265. 弓上水库水源地
266. 安阳市洹河地下水水源地
267. 盘石头水库水源地
268. 新乡市黄河水源地
269. 焦作市城区地下水水源地
270. 濮阳市黄河水源地
271. 河南省瑞贝卡水业有限公司麦岭水源地
272. 许昌市北汝河水源地
273. 漯河市澧河水源地
274. 西段村水库水源地
275. 卫家磨水库水源地
276. 南阳市水务集团二水厂水源地
277. 郑阁水库水源地
278. 泼河水库水源地

279. 南湾水库水源地
280. 固始县史河水源地
281. 周口市沙河官坡饮用水水源地
282. 板桥水库水源地
283. 济源市自来水公司小庄水源地
284. 武汉市汉江水源地
285. 武汉市长江水源地
286. 武汉市举水河水源地
287. 武汉市黄陂区滠水水源地
288. 武汉市江夏区长江水源地
289. 黄石市长江水源地
290. 黄石市富水河水源地
291. 王英水库水源地
292. 马家河水库水源地
293. 黄龙滩水库水源地
294. 巩河水库水源地
295. 官庄水库水源地
296. 鲁家港水库水源地
297. 恩施-宜都清江水源地
298. 大龙潭水库水源地
299. 襄阳市汉江水源地
300. 谷城县南河汉江水源地
301. 鄂州市长江水源地
302. 钟祥市汉江水源地
303. 漳河水库水源地
304. 观音岩水库水源地
305. 荆州市长江水源地
306. 垅坪水库水源地
307. 天堂水库水源地
308. 白莲河水库水源地
309. 金沙河水库水源地
310. 凤凰关水库水源地
311. 浠水县巴水河水源地
312. 黄冈市蕲水水源地
313. 先觉庙水库水源地
314. 飞沙河水库水源地
315. 天门市汉江水源地
316. 丹江口水库水源地

317. 株树桥水库水源地
318. 长沙市湘江水源地
319. 黄材水库水源地
320. 长沙市望城区湘江水源地
321. 浏阳市浏阳河水源地
322. 长沙市星沙捞刀河水源地
323. 东江水库水源地
324. 株洲市湘江水源地
325. 望仙桥水库水源地
326. 湘潭市湘江水源地
327. 湘乡市涟水水源地
328. 衡阳市湘江水源地
329. 衡阳市衡阳县蒸水水源地
330. 红旗-曹口堰水库水源地
331. 耒阳市耒水水源地
332. 洋泉水库水源地
333. 邵阳市资水水源地
334. 邵阳市新宁县夫夷水水源地
335. 邵阳市隆回县赧水水源地
336. 邵阳市洞口县平溪水源地
337. 白云水库水源地
338. 威溪水库水源地
339. 铁山水库水源地
340. 华容县长江水源地
341. 龙源水库水源地
342. 兰家洞-向家洞水库水源地
343. 常德市沅江水源地
344. 常德市澧县澧水水源地
345. 常德市汉寿沅江水源地
346. 张家界市澧水水源地
347. 益阳市资水水源地
348. 沅江市自来水公司水源地
349. 山河水库水源地
350. 长河水库水源地
351. 永州市冷水滩区湘江水源地
352. 永州市零陵区潇水水源地
353. 永州市祁阳县湘江水源地
354. 永州市道县潇水水源地

355. 怀化市舞水水源地

356. 娄底市孙水水源地（含白马水库水源）

357. 冷水江市资水水源地

358. 涟源市新涟河水源地

359. 湘西自治州吉首市峒河水源地（含万溶江水源）

360. 广州市流溪河水源地

361. 广州市沙湾水道水源地

362. 广州市陈村水道水源地

363. 广州市增江水源地

364. 广州-佛山市西江水源地

365. 广州-东莞-惠州东江北干流水源地

366. 韶关市武江水源地

367. 南水水库水源地

368. 西丽水库水源地

369. 铁岗-石岩水库水源地

370. 深圳市东深供水渠水源地

371. 茜坑水库水源地

372. 松子坑水库水源地

373. 惠州-深圳东江干流水源地

374. 惠州-深圳西枝江马安水源地

375. 深圳水库水源地

376. 东莞-深圳-惠州东江水源地

377. 珠海市黄杨河水源地

378. 珠海-中山磨刀门水道水源地

379. 汕头市韩江梅溪河水源地

380. 汕头韩江南溪水源地

381. 汕头市韩江新津河水源地

382. 汕头市韩江外砂河水源地

383. 秋风岭水库水源地

384. 河溪水库水源地

385. 下金溪水库水源地

386. 五沟水库水源地

387. 汕头-潮州市韩江东溪水源地

388. 佛山市北江干流水源地

389. 佛山市东平水道水源地

390. 佛山市容桂水道水源地

391. 佛山市东海水道水源地

392. 佛山市顺德水道水源地

393. 佛山市潭州水道水源地

394. 江门市石板沙水道水源地

395. 江门市西江干流水道水源地

396. 大沙河水库水源地

397. 江门-中山西海水道水源地

398. 湛江市雷州青年运河水源地

399. 鹤地水库水源地

400. 湛江市南渡河水源地

401. 湛江市鉴江吴川水源地

402. 赤坎水库水源地

403. 茂名市鉴江塘岗岭水源地

404. 茂名市袂花江共青河水源地

405. 名湖水库水源地

406. 海尾水库水源地

407. 高州水库水源地

408. 肇庆市西江端州区 1 号水源地

409. 肇庆市西江端州区 3 号水源地

410. 肇庆市绥江四会水源地

411. 惠州西枝江惠东水源地

412. 清凉山水库水源地

413. 桂田水库水源地

414. 汕尾市螺河水源地

415. 红花地水库水源地

416. 青年水库水源地

417. 赤沙水库水源地

418. 揭阳-汕尾市榕江水源地

419. 河源市东江干流佗城水源地

420. 新丰江水库水源地

421. 阳江市漠阳江水源地

422. 清远市北江水源地

423. 东莞东江南支流水源地

424. 中山市鸡鸦水道水源地

425. 中山市东海水道水源地

426. 中山市小榄水道水源地

427. 潮州市黄冈河水源地

428. 潮州韩江干流水源地

429. 潮州韩江西溪水源地

430. 翁内水库水源地

431. 揭阳市五经富水水源地

432. 蜈蚣岭水库水源地

433. 新西河水库水源地

434. 云浮市西江水源地

435. 金银河水库水源地

436. 南宁市邕江水源地

437. 柳州市柳江水源地

438. 桂林市漓江水源地

439. 梧州市浔江-桂江水源地

440. 岑溪市赤水水库水源地（含岑溪市义昌江水源）

441. 梧州市浔江藤县水源地

442. 北海市龙潭村水源地

443. 北海市牛尾岭水库水源地

444. 防城港市防城河木头滩水源地

445. 钦州市钦江青年水闸水源地

446. 贵港市郁江泸湾江水源地

447. 贵港市黔江桂平水源地

448. 贵港市浔江平南县水源地

449. 玉林市苏烟水库水源地

450. 百色市澄碧河水库水源地（含右江水源）

451. 贺州市龟石水库水源地

452. 河池市肯冲-加辽-城西-城北地下水水源地

453. 宜州市土桥水库水源地

454. 来宾市红水河水源地

455. 崇左市左江木排村水源地

456. 海口市南渡江水源地

457. 赤田水库水源地

458. 松涛水库水源地

459. 东方市昌化江水源地

460. 琼海市万泉河水源地

461. 重庆市长江第 1 水源地

462. 重庆市长江第 2 水源地

463. 重庆市长江第 3 水源地

464. 重庆市嘉陵江第 1 水源地

465. 重庆市嘉陵江第 2 水源地

466. 重庆市嘉陵江第 3 水源地

467. 重庆市嘉陵江第 4 水源地

468. 重庆市万州区长江水源地

469. 甘宁水库水源地

470. 重庆市涪陵区长江水源地

471. 马家沟水库水源地

472. 鱼栏咀水库水源地

473. 重庆市永川区临江河水源地

474. 鲤鱼塘水库水源地

475. 成都市郫县徐堰河-柏条河水源地

476. 双流县岷江自来水厂金马河水源地

477. 新津县西河白溪堰-金马河水源地

478. 龙泉驿区东风渠水二厂水源地

479. 成都市沙河二、五水厂水源地

480. 成都市青白江水源地

481. 都江堰市岷江西区自来水厂水源地

482. 张家岩水库水源地

483. 双溪水库水源地

484. 长沙坝-葫芦口水库水源地

485. 小井沟水库水源地

486. 烈士堰水库水源地

487. 富顺县镇溪河高硐堰水源地

488. 攀枝花市金沙江荷花池-大渡口-炳草岗水源地

489. 泸州市长江五渡溪-观音寺-石堡湾水源地

490. 德阳市人民渠水源地

491. 绵阳市涪江铁路桥水源地

492. 绵阳市涪江东方红大桥水源地

493. 绵阳市仙鹤湖水源地

494. 三台县涪江一水厂水源地

495. 三台县涪江二水厂水源地

496. 江油市涪江岩嘴头供水站水源地

497. 广元市嘉陵江西湾爱心水厂水源地

498. 射洪县涪江龙滩村水源地

499. 遂宁市涪江南北堰水源地

500. 内江市第三水厂沱江对口滩水源地
501. 古宇庙水库水源地
502. 内江市濛溪河头滩坝水源地
503. 资中县沱江老母岩水源地
504. 乐山市青衣江水源地（含夹江县青衣江千佛岩 1#、千佛岩 2#、青衣江甘岩、青衣江观音桥水源）
505. 乐山市大渡河第一水厂新水源地
506. 眉山市黑龙滩水库水源地
507. 南充市嘉陵江龙王井水源地
508. 南充市嘉陵江双女石水源地
509. 南部县嘉陵江一水源地
510. 南部县嘉陵江二水源地
511. 蓬安县嘉陵江水源地
512. 阆中市嘉陵江 1 号水源地
513. 阆中市嘉陵江 2 号水源地
514. 宜宾市金沙江雪滩水源地
515. 宜宾市岷江豆腐石-大佛沱水源地
516. 广安市渠江燕儿窝水源地
517. 关门石水库水源地
518. 渠县渠江渠县县城水源地
519. 罗江口水库水源地
520. 雅安市青衣江猪儿嘴水源地
521. 巴中市巴河大佛寺水源地
522. 化成水库水源地
523. 老鹰水库水源地
524. 西昌市西河水源地
525. 贵阳市花溪河饮用水水源地
526. 红枫湖水库水源地
527. 阿哈水库水源地
528. 松柏山水库水源地
529. 百花湖水库水源地
530. 贵阳市供水总公司汪家大井水源地
531. 六盘水市玉舍水库水源地
532. 北郊水库水源地
533. 红岩水库水源地
534. 中桥水库水源地
535. 普定县水库水源地
536. 倒天河水库水源地
537. 铜仁市鹭鸶岩水厂水源地
538. 黔西南州兴西湖水库水源地
539. 茶园水库水源地
540. 松华坝水库水源地
541. 云龙水库水源地
542. 车木河水库水源地
543. 清水海水源地
544. 曲靖市潇湘水库水源地
545. 玉溪市东风水库水源地
546. 北庙水库水源地
547. 渔洞水库水源地
548. 三束河水源地
549. 信房-纳贺水库水源地
550. 中山水库水源地
551. 九龙甸水库水源地
552. 西静河水库水源地
553. 红河州五里冲水库水源地
554. 文山州暮底河水库水源地
555. 澜沧江景洪电站水源地
556. 洱海水源地
557. 姐勒水库水源地
558. 桑那水库水源地
559. 拉萨市自来水公司北郊水厂水源地
560. 拉萨市自来水公司西郊水厂水源地
561. 昌都镇水厂水源地（含澜沧江水源）
562. 林芝市第二水厂水源地
563. 山南地区南郊水厂水源地
564. 黑河金盆水库水源地
565. 石砭峪水库水源地
566. 李家河水库水源地
567. 西安市自来水公司二水厂灞浐河水源地
568. 西安市自来水公司三水厂沣皂河水源地
569. 西安市自来水公司四水厂渭滨水源地
570. 石头河水库水源地
571. 桃曲坡水库水源地

572. 冯家山水库水源地
573. 咸阳市自来水公司水源地
574. 沈河水库水源地
575. 涧峪水库水源地
576. 王瑶水库水源地
577. 汉中市国中自来水公司东郊水源地
578. 瑶镇水库水源地
579. 榆林市自来水公司红石峡水源地
580. 安康市汉江马坡岭水源地
581. 商洛市自来水公司水源地
582. 兰州市黄河水源地
583. 嘉峪关市北大河水源地
584. 嘉峪关市嘉峪关水源地
585. 金川峡水库水源地
586. 武川水库水源地
587. 武威市杂木河渠首城市饮用水水源地
588. 张掖市滨河新区三水厂水源地
589. 平凉市给排水公司水源地（含养子寨、景家庄、南部山区水源）
590. 酒泉市供排水总公司水源地
591. 巴家咀水库水源地
592. 槐树关水库水源地
593. 黑泉水库水源地
594. 北川石家庄水源地
595. 北川塔尔水源地
596. 湟中县西纳川丹麻寺水源地
597. 海东市互助县南门峡水源地
598. 德令哈市城市供水水源地
599. 格尔木市格尔木河冲洪积扇水源地
600. 银川市东郊水源地
601. 银川市南郊水源地
602. 银川市北郊水源地
603. 贺家湾水库水源地
604. 石嘴山市第二水源地
605. 石嘴山市第三水源地
606. 乌拉泊水库水源地
607. 柴窝堡水源地（含六、七水厂水源）
608. 白杨河水库水源地
609. 榆树沟水库水源地
610. 昌吉市供水有限公司第二水厂水源地
611. 库车县供排水公司水源地
612. 第十二师红岩水库水源地（含西山农场水务公司水源）
613. 第七师奎屯天泉供水有限责任公司达子庙水源地（含第四师六十二团金边自来水厂水源）
614. 第五师双河市塔斯尔海水库水源地
615. 第六师青格达湖水源地
616. 第一师胜利水库水源地（含多浪水库水源）
617. 第三师小海子水库水源地
618. 第四师可克达拉市供水工程水源地

附录2 生活饮用水卫生标准（GB 5749—2006）（摘要）

生活饮用水水质应符合附表 2-1 和附表 2-2 卫生要求。集中式供水出厂水中消毒剂限值、出厂水和管网末梢水中消毒剂余量均应符合附表 2-3 要求。农村小型集中式供水和分散式供水的水质因条件限制，部分指标可暂按照附表 2-4 执行，其余指标仍按附表 2-1、附表 2-2 和附表 2-3 执行。当饮用水中含有附表 2-5 所列指标时，可参考此表限值评价。除了表中标注的单位外，其他单位都为 mg/L。

附表 2-1 水质常规指标及限值

指标	限值	指标	限值	指标	限值
1. 微生物指标*		三氯甲烷	0.06	铁	0.3
总大肠菌群/（MPN 或 CFU/100mL）	不得检出	硝酸盐（以 N 计）	10 地下水源限制时为 20	锰	0.1
耐热大肠菌群/（MPN 或 CFU/100mL）	不得检出	四氯化碳	0.002	铜	1.0
大肠埃希氏菌/（MPN 或 CFU/100mL）	不得检出	溴酸盐（使用臭氧时）	0.01	锌	1.0
菌落总数/（CFU/mL）	100	甲醛（使用臭氧时）	0.9	氯化物	250
2. 毒理指标		亚氯酸盐（使用二氧化氯消毒时）	0.7	硫酸盐	250
砷	0.01	氯酸盐（使用复合二氧化氯消毒时）	0.7	溶解性总固体	1000
镉	0.005	3. 感官性状和一般化学指标		总硬度（以 $CaCO_3$ 计）	450
铬（六价）	0.05	色度（铂钴色度单位）	15	耗氧量（COD_{Mn} 法，以 O_2 计）	3 水源限制，原水耗氧量>6mg/L 时为 5
铅	0.01	浑浊度（散射浊度单位）/NTU	1 水源与净水技术条件限制时为 3	挥发酚类（以苯酚计）	0.002
汞	0.001	臭和味	无异臭、异味	阴离子合成洗涤剂	0.3
硒	0.01	肉眼可见物	无	4. 放射性指标**	指导值
氰化物	0.05	pH（pH 单位）	不小于 6.5 且不大于 8.5	总α放射性/（Bq/L）	0.5
氟化物	1.0	铝	0.2	总β放射性/（Bq/L）	1

* MPN 表示最可能数；CFU 表示菌落形成单位。当水样检出总大肠菌群时，应进步检验大肠埃希氏菌或耐热大肠菌群；水样未检出总大肠菌群时，不必检验大肠埃希氏菌或耐热大肠菌群。

** b 放射性指标超过指导值，应进行核素分析和评价，判定能否饮用。

附表 2-2　水质非常规指标及限值

指标	限值	指标	限值	指标	限值	指标	限值
1. 微生物指标		二氯甲烷	0.02	呋喃丹	0.007	六氯丁二烯	0.0006
贾第鞭毛虫/（个/10L）	<1	三卤甲烷	实测浓度与限值比值之和不超过 1	林丹	0.002	丙烯酰胺	0.0005
隐孢子虫/（个/10L）	<1	1,1,1-三氯乙烷	2	毒死蜱	0.03	四氯乙烯	0.04
2. 毒理指标		三氯乙酸	0.1	草甘膦	0.7	甲苯	0.7
锑	0.005	三氯乙醛	0.01	敌敌畏	0.001	邻苯二甲酸二（2-乙基己基）酯	0.008
钡	0.7	2,4,6-三氯酚	0.2	莠去津	0.002	环氧氯丙烷	0.0004
铍	0.002	三溴甲烷	0.1	溴氰菊酯	0.02	苯	0.01
硼	0.5	七氯	0.0004	2,4-滴	0.03	苯乙烯	0.02
钼	0.07	马拉硫磷	0.25	滴滴涕	0.001	苯并（a）芘	0.00001
镍	0.02	五氯酚	0.009	乙苯	0.3	氯乙烯	0.005
银	0.05	六六六	0.005	二甲苯	0.5	氯苯	0.3
铊	0.0001	六氯苯	0.001	1,1-二氯乙烯	0.03	微囊藻毒素-LR	0.001
氯化氰（以 CN⁻计）	0.07	乐果	0.08	1,2-二氯乙烯	0.05	3. 感官性状和一般化学指标	
一氯二溴甲烷	0.1	对硫磷	0.003	1,2-二氯苯	1	氨氮（以 N 计）	0.5
二氯一溴甲烷	0.06	灭草松	0.3	1,4-二氯苯	0.3	硫化物	0.02
二氯乙酸	0.05	甲基对硫磷	0.02	三氯乙烯	0.07	钠	200
1,2-二氯乙烷	0.03	百菌清	0.01	三氯苯（总量）	0.02		

附表 2-3　饮用水中消毒剂常规指标及要求

消毒剂名称	与水接触时间	出厂水中限值	出厂水中余量	管网末梢水中余量
氯气及游离氯制剂（游离氯）	至少 30min	4	≥0.3	≥0.05
一氯胺（总氯）	至少 120min	3	≥0.5	≥0.05
臭氧（O₃）	至少 12min	0.3		0.02（如加氯，总氯≥0.05）
二氧化氯（ClO₂）	至少 30min	0.8	≥0.1	≥0.02

附表 2-4　农村小型集中式供水和分散式供水部分水质指标及限值

指标	限值	指标	限值	指标	限值
1. 微生物指标		3. 感官性状和一般化学指标		铁	0.5
菌落总数/（CFU/mL）	500	色度（铂钴色度单位）	20	锰	0.3
2. 毒理指标		浑浊度（散射浊度单位）/NTU	3 水源与净水技术条件限制时为 5	耗氧量（COD_Mn 法，以 O₂ 计）	5
砷	0.05	pH（pH 单位）	不小于 6.5 且不大于 9.5	氯化物	300
氟化物	1.2	溶解性总固体	1500	硫酸盐	300
硝酸盐（以 N 计）	20	总硬度（以 CaCO₃ 计）	550		

附表 2-5　生活饮用水水质参考指标及限值

指标	限值	指标	限值	指标	限值
肠球菌/（CFU/100mL）	0	丙烯醛	0.1	邻苯二甲酸二丁酯	0.003
产气荚膜梭状芽孢杆菌/（CFU/100mL）	0	四乙基铅	0.0001	环烷酸	1.0
二（2-乙基己基）己二酸酯	0.4	戊二醛	0.07	苯甲醚	0.05
二溴乙烯	0.00005	甲基异莰醇-2	0.00001	总有机碳（TOC）	5
二噁英（2,3,7,8-TCDD）	0.00000003	石油类（总量）	0.3	β-萘酚	0.4
土臭素（二甲基萘烷醇）	0.00001	石棉（>10μm）/（万个/L）	700	黄原酸丁酯	0.001
五氯丙烷	0.03	亚硝酸盐	1	氯化乙基汞	0.0001
双酚 A	0.01	多环芳烃（总量）	0.002	硝基苯	0.017
丙烯腈	0.1	多氯联苯（总量）	0.0005	镭 226 和镭 228/（pCi/L）	5
丙烯酸	0.5	邻苯二甲酸二乙酯	0.3	氡/（pCi/L）	300